BEAUTY COLOR DESIGN

김효정 · 강명주 · 권태신 · 김수정 · 방효진
배은정 · 윤지영 · 이미희 · 진유리 · 한지수

청구문화사

PREFACE

인간이 살아감에 있어 색은 무엇보다 중요하다. 또한 빛과 색의 존재는 우리생활과 모든 예술의 기본을 이루기도 한다. 조형예술은 디자인과 색채, 그리고 여러가지 재료들이 융합되어 이루어지는 것이며, 그 중에서도 색채는 가장 중요한 모티브의 의미를 갖는다.

그러므로 모든 예술 창조에 있어 기본의 틀을 이루는 색의 인지는 예술을 하는 디자이너에게는 필수요소이다. 또한 아름다움을 디자인함에 있어서도 색의 조화나 성질, 색의 이론들을 파악하고 인지하여야 한다.

색을 잘 조화시키는 작업, 즉 컬러코디네이션이야 말로 예술 창조의 바탕이라 할 수 있다. 본 저서에서는 뷰티컬러디자인을 위해 색의 원리와 이론, 색의 조화, 배색기법, 색의 심리, 연상, 공감각, 패션컬러배색, 톤의 분류, 컬러 활용 등을 다루었다.

이 책에 열과 성의를 다했으나 여러 가지로 부족하고 아쉬운 점이 많다. 앞으로 부족한 점들을 독자 여러분들의 조언을 받아 계속 연구, 보완할 것을 약속드리며, 끝으로 이 책을 출판해 주신 청구문화사 사장님과 임직원 여러분께 깊은 감사를 드리고자 한다.

2018년 새봄
저자일동

CONTENTS

01

색채지각

1 색과 빛

인간이 외부 환경으로부터 여러 가지 정보를 파악하는 과정을 지각(perception)이라하고, 외부 대상의 여러 가지 정보 중에서 색채를 파악하는 것을 색채 지각이라 한다. 즉 인간의 감각 기관을 통하여 외부 사물에 대한 색채를 시각적으로 받아들이고 인식하는 작용을 말한다. 이는 가시광선의 빛이 사물에 따라 서로 다른 색자극을 만들고 그 자극을 눈을 통해 느끼는 결과라고 볼 수 있다. 즉 이러한 물리적인 정보를 우리가 알 수 있는 신경정보로 전환하는 감각인 눈의 구조와 기능의 이해가 필요하다.

1) 색의 정의

색(color)이란 무엇일까?

빛이 물체를 비추었을 때 생기는 반사, 흡수, 투과, 굴절, 분해 등의 과정을 통해 인간의 눈을 자극함으로써 생기는 물리적인 현상, 빛은 인간이 색채를 느끼는 근본이다. 물리학에서 빛이란 넓은 의미에서는 모든 종류의 전자기파를 의미하는데, 양자 물리학에서 보는 빛은 파동뿐 아니라 입자로서 이중성을 갖는다.

빛을 파동으로 생각하고 빛의 파를 전하는 매체로 에테르라는 물질을 가상적으로 잡은 아리스토텔레스(Aristoteles)는 빛의 파동설을 주장하였고 네덜란드의 호이겐스(Constantijn Huygens, 1596~1687)는 빛이 특정한 매질을 통해 전파되는 파동이라는 개념의 파동설을 제안 하였다. 1704년 뉴턴(Newton)은 저서 〈광학〉에서 빛의 본체는 물체에서 사출되는 미립자라는 견해를 발표하며 입자설을 제창하였으며 19세기(1865년)의 영국 과학자 제임스 맥스웰(Maxwell, James Clerk)은 전자기파가 나아가는 속도와 빛의 속도가 일치하는 것으로부터 빛은 전자기파의 일종이라는 학설을 발표 하였다.

1905년 광전효과의 현상을 설명하기 위해 아인슈타인(Albert Einstein)은 광양자설을 제창하는데 입자설을 정립한 광양자설은 전자기파설에서 설명이 되지 않았던 광전효과를 해결함으로써 파동으로서 공간에 퍼지는 것이 아닌 입자로서 불연속적으로 진행을 한다는 걸 입증하였다. 즉 색은 빛이며 파동이며 전자기파의 일종이다.

이러한 물리적인 현상과 더불어 심리적인 현상에 의해 성립되는 시감각, 물체색이 눈의 망막에 의해 지각됨과 동시에 느낌, 연상, 상징 등을 경험하는 것을 색채지각이라 말한다. 우리 인간이 이러한 색채를 경험하기 위해서는 가시광선(광원), 물체(광원을 반사, 투과), 눈(인간의 시각) 이 세 가지가 반드시 필요하며 이것을 색지각의 3요소라 부른다.

그림 1-1 색지각의 3요소

2) 빛과 가시광선

태양 빛은 지구상에서 가장 기본적인 빛이며, 태양 빛을 구성하는 전자기파의 44%는 가시광선의 형태로 지구상에 도착하게 되는데 빛은 전파, 적외선, 가시광선, 자외선, X선, 감마선등 모두 빛의 영역이며, 빛의 단위는 아주 작은 단위로 나노미터(nm), 마이크로미터 (μm), 옹스트롱(Å) 등이 쓰인다.

가시광선은 기본적으로 무지개빛이라고 이해하면 되는데 이는 곧 파장으로 인간의 눈으로 확인이 가능하며 그 파장별 색상영역은 빨강계열 640~780nm, 주황계열 590~640nm, 노랑계열 560~590nm, 녹색계열 480~560nm. 청색계열 360~480nm 로 나열 되어 있다. 즉 380~780nm 사이에 우리가 보는 모든 색이 들어있으며 일반적으로 빛은 380nm (보라색)에서 780nm (적색)파장사이의 육안으로 확인할 수 있는 전자기파 스펙트럼으로 정의된다.

그렇다면 하늘은 해가 뜨고 질 때 왜 빨갛게 보이는 것일까? 태양은 지구에 빨주노초파남보의 무지개 색 외에 여러 가지 광선으로 이루어져 빛을 보낸다. 이 빛은 파도 모양의 물결로, 마루와 마루사이의 거리를 파장이라고 하는데, 각각의 광선은 서로 다른 일정한 길이의 파장이 있다. 붉은빛의 파장은 길이가 길고, 자외선 쪽으로 갈수록 짧아진다.

빛이 태양에서부터 우리의 눈에 도달하기까지는 갖가지 장애물이 가득한 대기를 통과해 아주 먼 거리를 이동해야 한다. 대기는 질소, 산소, 이산화탄소, 비활성기체 등으로 구성된 혼합가스와 그 밖에도 에어로졸도 섞여 있다. 빛은 대기를 통과하는 동안 기체나 수증기, 에어로졸 분자 등과 끊임없이 충돌하고 충돌 후 방향이 바뀌고 흩어진다. 이러한 것을 빛의 산란이라고 한다.

빛을 구성하고 있는 광선이 모두 같은 빈도로 방향을 바꾸는 것은 아니며 파장이 긴 광선은 거의 아무 영향도 받지 않고 대기를 통과하는 반면 격렬하게 진동하는 파장이 짧은 광선은 시시때때로 장애물과 충돌해 방향이 자주 바뀐다. 파란빛의 파장과 보랏빛의 파장은 짧기 때문에 자주 방향이 바뀌고 넓게 퍼진다.

낮에 하늘이 파란색으로 보이는 것은 산란된 파란빛이 사방에서 우리 눈에 들어오지 때문이다. 즉 파장이 짧은 파란빛은 심하게 산란되어서 흩어져버리고 아주 적은 양의 파란빛만이 우리 눈에 보이는 반면, 파장이 긴 붉은 색, 주황색, 노란색 빛들은 대기를 통과하면서 흩어지지 않기 때문에 하늘이 붉게 보이는 아침놀과 저녁놀을 볼 수 있는 것이다.

특히 대기 중에 수증기와 먼지 입자가 많은 곳일수록 일출과 일몰이 더욱 아름답게 보이는 이유이다.

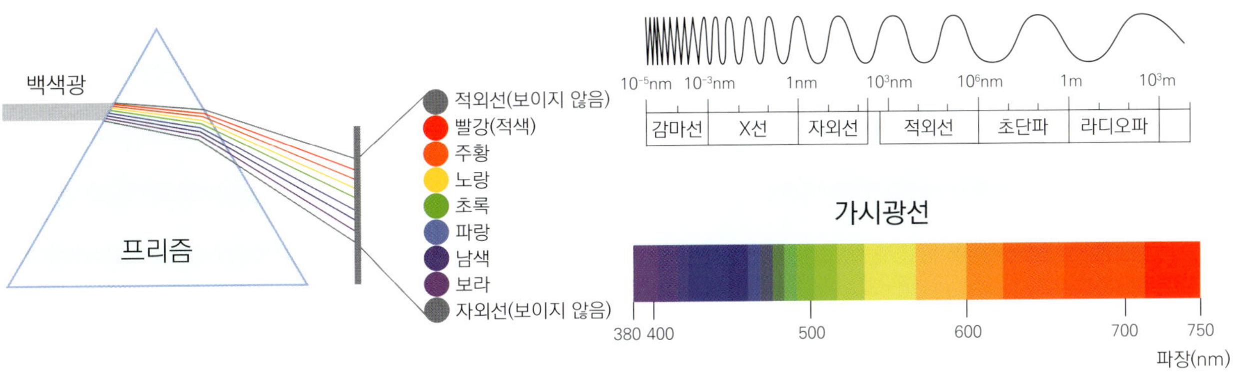

그림 1-2 빛의 스펙트럼과 가시광선

2 빛과 물체색

우리가 경험하는 사물의 색은 빛에 의해서 각각의 사물이 색을 가지고 있는 것처럼 느껴지는 물체색에 의해서 지각 된다. 색을 물리적으로 분류해서 살펴보면 다음과 같다.

1) 물체색(Object Color)

표면색이라고도 하는 물체색은 우리가 보는 모든 색은 빛이 물체에 튕김으로써 그 파장의 색에 따라 그 색을 느낀다는 것이다. 물체에서 반사 또는 투과하는 빛의 색. 그림물감, 염료, 도료가 물체색에 속한다.

빛이 물체에 닿았을 때 가시광선의 파장이 분해되어 반사, 흡수, 투과의 현상이 일어나서 다양한 색이 나타나게 된다. 빛이 물체에 닿아 모두 반사하면 물체의 표면은 하양을 띠며, 반대로 거의 모든 빛을 흡수하면 검정을 띠게 된다.

2) 광원색(Illuminator Color)

광원색이란 형광등이나 촛불처럼 그 자체가 빛을 발하는 광원에서 나오는 빛이 직접 인식되어 느껴지는 색으로 네온사인, 형광등 백열등, LED 등이 이에 속한다. 물체색과의 차이는 같은 물체의 색이라도 주어진 광원에 따라 다르게 보이게 된다.

일반적으로 우리는 태양광선의 백색광에 적응해 있기 때문에 색상이란 고정된 것이라 믿기 쉽다. 그러나 실제로 색은 빛에 의해 결정되므로 광원에 따라 같은 색도 달리 보인다. 국제적으로는 이러한 색의 혼돈을 막기 위해 표준광을 결정하여 사용하고 있다. 태양광선은 모든 영역의 파장이 골고루 물체의 분광되어 물체의 색을 그대로 재현하는 반면 백열등은 장파장계열의 빛을 물체에 방출하여 물체에 붉은 색이 가미되어 보이게 되고, 형광등은 단파장계열의 빛을 물체에 방출하여 물체의 푸른색이 가미되어 보이게 된다.

이처럼 각기 다른 광원에 따라 색이 다르게 보이는 현상을 색의 연색성(color rendering)이라 하며 이는 같은 색도의 물체라도 어떤 광원으로 조명해서 보느냐에 따라 그 색감이 달라진다. 가령 백열전구의 빛에는 주황색이 많이 포함되어 있으므로 그 빛으로 따뜻해 보이는 난색계(warm color)의 물체를 조명하면 선명하게 돋보이는데 반해 형광등의 빛은 청색부가 많으므로 흰색·한색계(cool color)의 물체가 선명해 보인다. 의복 ·화장품 등을 살 때 상점의 조명에 주의해야 하는 것은 이 때문이다.

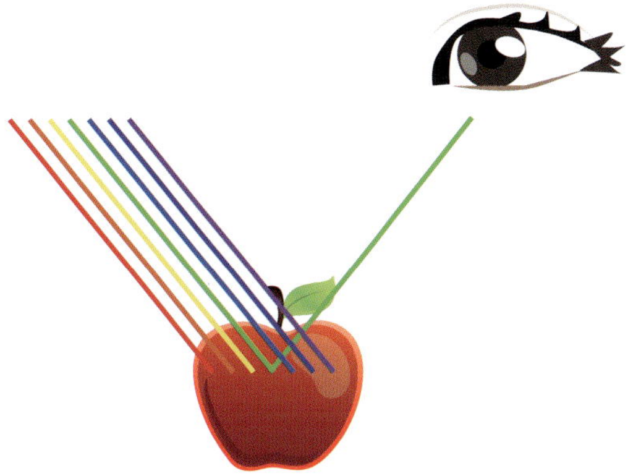

그림 1-3 물체색의 반사와 흡수

그림 1-4 광원색의 종류

연색성 또는 연색지수는 어떠한 광원으로 대상 물체를 보았을 때 태양빛에 가까운 지수로 최대수치 100(자연태양광) 기준으로 분류한 지수를 뜻한다. 어떤 물체의 고유한 색상을 얼마나 제대로 된 천연색으로 보이게 하는가 하는 능력을 말하는 것으로 그 치수 높을수록 천연색에 가깝다고 이해하면 된다. 연색성을 수치로 정량화한 것을 연색평가지수(Color Rendering Index)라 하고, 가장 좋은 연색지수(Ra)는 100 이다.

표 1-1 연색지수

등급	연색지수
1A	90~100
1B	80~89
2A	70~79
2B	60~69
3	40~59

음식점에서는 흰색 조명보다 주황색계열의 전구로 조명함으로써 음식을 보다 따뜻하고 먹음직스럽게 연출할 수 있으며 식육점에서도 고기를 신선하게 보이려고 선홍색의 전구를 주로 설치하고 있다. 화장실은 밝은 흰색으로 조명해야 깨끗해 보이고 침실은 주황색으로 조명하면 따뜻한 느낌을 연출 할 수 있다.

자연광 나트륨램프 수은등

그림 1-5 연색성에 따른 광원색

이 밖에도 면색이라고도 하는 평면색은 인간의 색지각에 있어 순수한 색자극을 말한다. 색채의 질감이나 환경을 제외한 상태에서 지각되는 순수한 색자극이다. 금속색은 빛 중에서 특정한 파장이 강한 반사를 통하여 지각되는 표면색으로 금속의 표면에서 느껴지는 색 또는 금속 느낌이 나는 도료나 잉크 등도 금속색이라고 한다.

형광색은 물질이 빛의 자극에 의해서 발광하는 현상을 말한다. 도로표지판, 안전표시, 환경미화원의 작업복 등이 형광색을 활용한 것 들이다. 투과색은 빛을 투과시키는 물체를 통과해서 나오는 빛에 의해 지각되는 색이며, 경영색(mirrored color)은 거울과 같이 광택이 나는 불투명한 물질의 표면에 나타나는 완전 반사에 가까운 색으로 거울색이라고도 한다.

면색

금속색

투과색

경영색

그림 1-6 색채의 물리적 종류

3) 빛의 특성과 작용

(1) 반사(Reflection)

빛이 물체에 도달하면 일부는 흡수되고 나머지는 산란된다.

반사는 산란의 특수한 형태로 매끈한 물체의 표면에 도달한 광자가 벽에 부딪히고 튕겨나가는 공처럼 이동방향을 바꾸어 되돌아가는 것을 말한다. 반사는 대부분의 물체색을 결정짓는 중요한 역할을 하는데 예를 들어 빨강장미는 붉은색만 반사 시키고 노란색이나 파랑은 흡수해 버리기 때문에 붉은색만 보이게 되는 것이다. 빛이 물체에 닿아 85% 이상 반사되면 물체의 표면은 흰색을 띠며, 3% 미만 반사되면 검은색을 띠게 된다.

반면 특정 파장을 선별 적으로 반사할 경우 유채색을 띠게 된다. 인간이 지각하는 대부분의 빛은 물체에 의해 반사되는 것이며, 물체 표면에 비춰진 빛 중에서 반사되는 빛의 백분율을 반사율이라고 하고 물체의 색은 표면의 반사율에 따라 결정된다.

그림 1-7 빛의 반사

(2) 흡수(Absorption)

빛의 성질 중 흡수란 물리적으로 기체나 액체, 또는 고체 내부로 빨려 들어가는 현상을 말한다.

빛이 생성되어 소멸되기까지에는 많은 단계를 거치게 된다. 궁극적으로는 흡수되어 소멸된다. 빛을 거의 흡수하지 않으면 흰색에 가까운 것이고, 거의 대부분을 흡수하면 검은색에 가까운 것이다. 어떤 물질들은 그 사이에 해당하는 양을 흡수하여 여러 가지 색채를 표현하게 된다. 빛은 물체에 닿으면 특정 파장의 반사와 흡수 정도에 따라 색이 결정된다. 바나나가 노란색으로 보이는 것은 바나나가 노란색 외의 빛들은 흡수하고 노란빛만 반사하기 때문이다. 빛은 물체에 닿으면 일부는 흡수되어 열로 변하며, 빛을 가장 이상적으로 흡수하는 물체는 흑체이다.

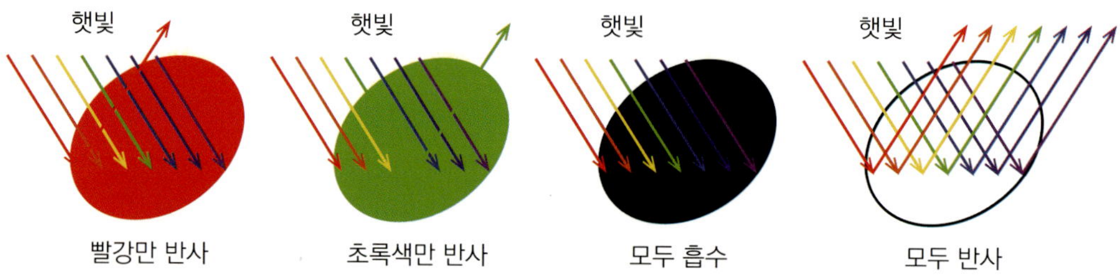

그림 1-8 **빛의 반사와 흡수**

(3) 굴절(Refraction)

광이 광학적으로 불균질인 매질이나 서로 다른 종류의 매질 간의 경제면에 입사할 때 위상 속도의 변화에 따라서 전파 방향이 변하는 현상을 말한다. 빛이 다른 매질로 들어가면서 빛의 파동이 진행 방향을 바꾸는 것을 굴절이라고 하며 빛의 파장이 길면 굴절률이 작고, 파장이 짧으면 굴절률이 크다. 무지개, 아지랑이, 별의 반짝임 등은 빛의 굴절에 의해서 관찰되는 것이다.

그림 1-9 **빛의 굴절**

(4) 회절(Diffraction)

파동이 물체의 그림자 부분에 휘어 들어가는 현상으로 반사나 굴절 이외 장해불이나 매질의 불균일성에 따라 진행방향이 다른 파를 일으키는 현상으로 대표적인 것으로 CD뒷면을 보면 알 수 있다. 파동이 장애물의 뒤쪽에 기하학적으로 결정된 그림자를 만들지 않고, 그림자에 해당하는 부분까지 돌아들어가는 현상이다. 오팔 등의 보석은 빛의 회절현상을 보여준다.

(5) 간섭(Interference)

두 개 이상의 빛이 동일점에서 중복되어 서로 강합 또는 약합되는 현상으로 파동의 특유한 현상 중 하나라고 볼 수 있다. 대표적으로는 비눗방울이나 수면위의 기름막 등에서 나타나는 반사광은 간섭색을 띄게 된다. 간섭은 빛의 파동이 잠시 둘로 나누어진 후 다시 결합하는 현상이다. 나비의 날개는 얇은 막에 의한 빛의 간섭현상이다.

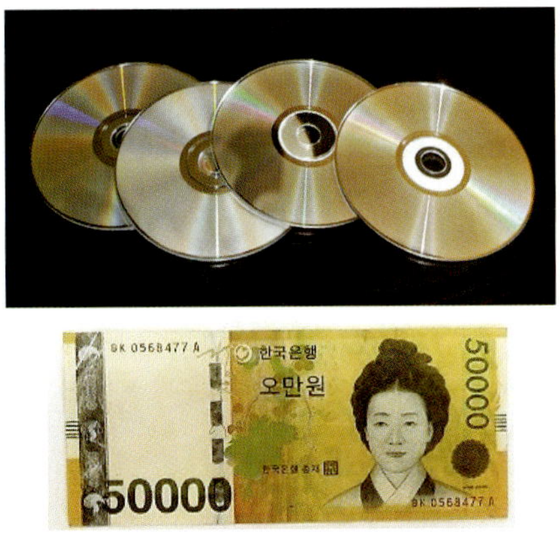

그림 1-10 빛의 회절

그림 1-11 빛의 간섭

(6) 확산 및 산란(Diffuse Scattering)

산란은 거친 표면에 빛이 입사했을 때 여러 방향으로 빛이 분산되어 퍼져 나가는 것을 말한다. 많은 방향으로 생기는 빛의 불규칙한 반사, 굴절, 회절 등의 현상으로 맑은 날의 하늘은 더욱더 푸르게 보인다거나 우주공간이 검은 것을 예로 볼 수 있다. 아침노을은 붉은 기운이 시간적으로 짧게 보이며 곧 밝아진다. 저녁노을은 푸르킨예(purkinje) 현상을 같이 동반하여 보라색으로 보이는 시간이 길다.

3 색과 눈

색채지각은 물리적인 에너지가 신경정보로 변환되어야 비로소 가능하다. 이러한 기능을 하는 감각이 바로 눈이므로 눈의 구조와 기능을 이해할 필요가 있다. 빛은 각막에서 망막까지 광학적인 처리가 일어나며, 실제로 빛에너지가 전기화학적인 에너지로 변환되는 과정을 거치게 된다.

1) 눈의 구조

빛은 각막, 동공, 수정체, 유리체, 망막으로 전달되어 망막에 상을 맺게 한다. 홍채는 눈동자 부위의 갈색 부분을 말하는데, 동공을 크고 작게 변화하며 통과하는 빛의 양을 조절하는 부분으로 눈동자의 파란 눈, 갈색 눈은 이 홍채의 색깔을 말하는 것이다. 눈동자를 덮고 있는 각막은 안구에서 제일 먼저 빛을 받아들이는 곳으로 투명하고 혈관이 없는 무혈관 조직으로 이 각막을 통해 빛이 들어 올 때는 빛이 방향을 바꾸어 굴절이 되는데 빛은 각막에서 한 번, 수정체에서 또 한 번 굴절해서 망막에 상이 맺히게 한다. 동공은 홍채 안쪽 중앙에 비어 있는 공간으로 주된 기능은 시각인지를 최대화하기 위해 망막으로 가는 빛의 양을 조절하고 초점의 심도를 또한 조절한다. 빛의 양에 따라서 동공의 크기가 커지기도 작아지기도 하는 것이다.

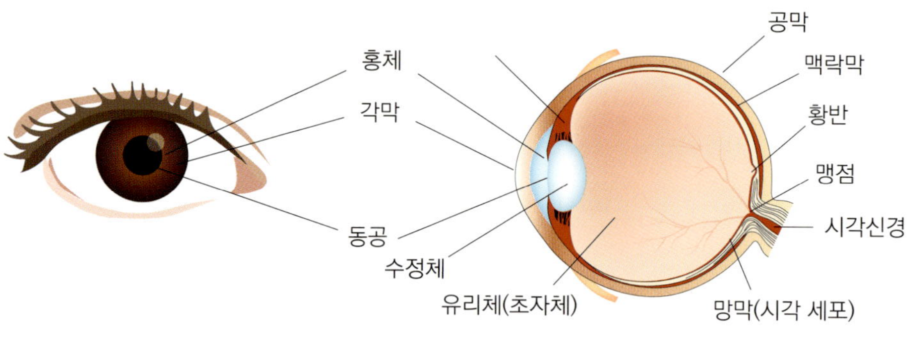

그림 1-12 눈의 구조

수정체는 눈 안에 있는 양면이 볼록한 투명한 조직으로 수정체의 두께에 따라서 빛이 굴절되는 정도가 달라지는데, 멀리 있는 물체를 볼 때에는 모양체 근육이 이완되고 수정체의 두께가 얇아져서 빛의 굴절이 작아지고, 반대로 가까운 물체를 볼 때에는 모양체 근육이 수축, 수정체가 두꺼워지므로 빛의 굴절이 커진다.

수정체는 60~70%의 수분과 30~40%의 단백질로 이루어져 있고 혈관과 신경이 없다. 백내장이란 눈 속의 수정체가 어떠한 원인에 의해 뿌옇게 혼탁해져 시력이 떨어지는 걸 말한다.

유리체는 수정체와 망막 사이의 안구 대부분의 공간을 채운 젤타입 액체로 구성되어 있고, 빛을 통과시키고 안구의 모양을 유지시켜주는 역할을 하는데 그 성분의 99% 가까이 대부분 물로 채워져 있다. 눈앞에 먼지나 벌레 같은 것이 날아다니는 것 같은 비문증 증상은 투명해야 할 유리체가 혼탁해져서 그 그림자가 망막에 비쳐서 생기는 것이다. 망막은 눈의 가장 안쪽에 있는 막으로 상이 맺히는 부분이다. 망막에는 빛이나 색을 감지하는 시세포가 분포돼 있는데 망막에 상이 맺히는 이유도 이 시세포들 때문이다.

이처럼 빛은 각막을 통과해 동공에 의해 외부의 빛이 망막까지 전해지는 것이다. 망막의 중심부를 중심와라 하며 약간 노란 빛을 띠므로 황반이라고도 한다. 또한 눈에서 시신경 섬유가 나가는 부분은 맹점이라 하는데 이곳은 광수용기가 없기 때문에 상을 볼 수 없다.

2) 시세포(간상체, 추상체)

눈의 망막에는 막대모양의 간상체와 원뿔모양으로 생긴 추상체라는 시세포가 존재하기에 우리가 색과 모양을 인지 할 수 있는 것이다. 간상체는 망막 주변부에 분포하여 형태, 명암을 인지하는 역할을 하고 추상체는 망막의 황반에 많이 분포하면서 색을 인지하는 기능을 담당하고 있다. 시력상실의 주범으로 떠오른 황반변성이라는 질환이 생기는 바로 그 부분이다.

황반은 망막 가운데 부위로 중심시력을 맡고 있는 매우 중요한 곳이며, 우리가 잘 알고 있는 색맹 또한 이 추상체에 이상이 있을 때 나타나는 것이다. 이 시세포들은 눈에서 뇌로 연결되어 있어 시각을 인지하는 감각신경으로, 약 100만 개의 신경세포 다발이 모여 이루어진 기관이다. 눈을 통해 사물을 보게 되는 과정은 망막에 맺힌 상이 시신경을 통해서 뇌로 전달하여 이루어지는 것이다.

(1) 간상체(Rod Cell)

망막 주변에 널리 분포되어 있으며, 그 수는 1.1억~1.25억 개 정도로 추산되고 막대 모양을 하고 있다. 빛에 대한 민감도가 매우 높아서 약한 빛도 감지할 수 있으며, 우리가 아주 작은 빛에서도 사물을 분간할 수 있는 것이 바로 간상체 덕분이다. 한 가지 색소만으로 구성되어 있어 회색조(gray scale)만을 감지 할 수 있는 것이 특징이다.

그림 1-13 간상체

(2) 추상체(Cone Cell)

망막의 중심와(fovea)에 있는 500~700만 개의 세포로, 원추 모양을 하고 있어 추상체라 한다. 우리가 색을 감지 할 수 있는 것은 바로 이 추상체 때문이다. 간상체와는 달리 미세한 빛에는 반응하지 않는다. 따라서 빛의 양이 현저히 감소하면 뇌로 보내는 신호발송을 중지하고, 빛의 양이 증가하면 기능을 재개한다. 밝은데서 어두운 곳으로 들어가면 아무것도 보이지 않다가 서서히 회복되는 현상은 추상체의 이런 특성 때문이다.

가시광선의 다양한 파장에 각각 달리 반응하는 3종류의 추상체로 색을 감지한다. 자극을 받은 추상체는 서로 다른 색 신호를 뇌로 전송한다. 즉, 단파장에 반응하는 S추상체와 중파장에서 반응하는 M추상체, 그리고 장파장에 민감한 L추상체가 그것이다. S추상체는 420nm의 단파장 - Blue에 가장 민감하고, M추상체는 중파장인 Red에, 그리고 L추상체는 장파장인 Green에 가장 민감하게 반응한다. 우리가 수많

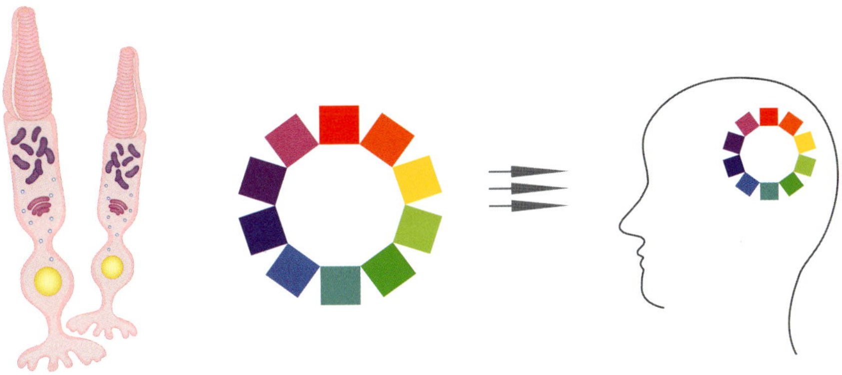

그림 1-14 추상체

은 색깔을 볼 수 있는 이유가 바로 세 추상체 간의 분광감도가 가시광선의 전역에 걸쳐 겹쳐 있기 때문인데, 만일 세 추상체 간의 지각영역이 단절되어 있다면 우리는 단지 세 가지 색상(hue), 즉 파랑, 빨강, 녹색 밖에 볼 수 없었을 것이다. R, G, B라는 세 가지 색만을 사용하여 엄청난 숫자의 색을 만들어 낼 수 있는 디지털 컬러의 이론적인 배경은 이처럼 인간의 시지각에 대한 연구에서 나온 것이다.

3) 순응(Adaptation)

순응이란 인간의 적응능력 중 하나로 주어진 환경에 적응하는 신체의 능력으로 색채와 관련하여 어두운 곳에 적응하는 암순응 밝은 곳에 적응하는 명순응, 색에 익숙해지는 색순응이 있다. 이중 색순응은 색의 항상성과도 관련이 있어 주어진 환경이 변하여도 색의 특성을 느낄 수 있는 것이다.

(1) 암순응(Dark Adaptation)

우리 눈이 어둠에 적응하는 것으로 밝은 곳에서 어두운 곳으로 들어갔을 때, 처음에는 보이지 않던 것이 시간이 지남에 따라 차차 보이기 시작하는 현상이다. 처음에는 원추세포(추상체)가 주로 작용하여 감도를 약 10배로 증가시키지만, 암순응이 진행됨에 따라 간상세포의 감도가 높아져서 원추세포를 대신하게 된다. 어둠에 대한 적응은 주변 환경에 따라 몇 분 정도 걸릴 수 있으므로 대개 빛에 대한 적응보다 더 늦어진다. 정말 어두운 상태에 대한 적응은 어떤 경우 30분 이상이 걸릴 수도 있다.

암소시는 눈이 어둡고 낮은 휘도 레벨에 순응하고, 주로 간상체만이 작용하며, 추상체가 거의 작용하지 않는 시각의 상태를 말하며 507nm(초록)에 가장 민감하게 반응한다.

(2) 명순응(Light Adaptation)

우리 눈이 밝음에 적응하는 과정으로 어두운 곳에서 밝은 곳으로 나오면 처음에는 눈이 부시나 곧 이에 순응하게 되는데 이것이 명순응이다. 순응 시간은 실내 일광에 대하여는 약 40초, 야외 일광에 대하여는 1~2분이다. 명순응은 망막 시세포 내의 화학과정에 의한 것이며 암순응 상태에서는 로돕신(rhodopsin)이 증가하여서 간상체의 기능이 발휘되는 반면, 명순응 상태에서는 로돕신이 감소하여 의 기능이 발휘된다. 즉 명순응은 암순응이 없어지는 것이라고 할 수 있다. 어두운 곳에서 밝은 곳으로 옮겨 갈 때 생기는 빛 적응 과정(명순응)은 그 진행에 있어 훨씬 더 명확하다. 과도한 빛은 눈을, 특히 망막을 손상시키기 때문에 적응이 신속히 일어나야 한다. 밝기가 어느 정도 이상 높은 상태 또는 명순응 아래서의 시각으로 낮의 밝은 장소에서의 눈의 보통 상태를 명소시라 하는데 세부적인 부분에 대한 식별이 우수하고 빛깔의 판별이 이루어지는 상태이다. 이 상태에서 가장 밝게 느껴지는 빛깔은 스펙트럼 중에서 550nm(연두) 정도의 파장인 빛이다. 암소시에 비하면 백색광에 대한 감수성은 떨어지나 세부적인 부분에 대한 식별은 명소시가 우수하다. 빛깔의 판별은 이 상태에서 비로소 이루어진다.

(3) 색순응(Chromatic Adaptation)

동일한 색광을 오래 보고 있으면 그 색은 선명해지나 밝기가 낮아지는 현상으로 어떤 조명광이나 물체색을 오랫동안 보면 그 색은 선명해 보이지만 그 밝기는 낮아지는 현상이다. 선글라스를 쓰고 처음 색을 보면 선글라스의 색상에 의해 색이 제대로 느껴지지 않다가 시간이 경과됨에 따라 우리가 익히 알고 있던 색으로 인지되는 것이 색순응이며 이는 우리가 경험에 의해 알고 있던 색으로 느껴지는 색의 항상성과도 관련이 있다.

(4) 박명시(중간적 시각, Mesopic Vision)

명소시와 암소시의 중간 밝기로서 추상체와 간상체가 동시에 기능한다. 박명시의 색각은 명소시와 비교하면 시력이 저하되고 색이나 사물의 형태가 명확하지 않다. 주로 일몰시나 새벽녘이 이에 해당된다.

(5) 푸르킨예 이행(Purkinje Shift)

낮에 빨간 물체(사과 등)가 밤이 되면 다소 검게, 낮에 파랑 물체가 밤이 되면 밝은 회색으로 보이는 경험을 하게 되는데 명소시에서 암소시로 옮겨갈 때 붉은색은 어둡게 되고 녹색과 황색은 상대적으로 밝게 변화되는 현상이다, 낮에는 추상체로부터 밤에는 간상체로 시세포의 역할이 이동하면서 파장이 긴 색이 먼저 사라지고, 파장이 짧은 색이 나중에 사라지면서 일어나는 현상이다. 조명이 어두워지면 빨강-주황-노랑-초록-파랑-청색 순으로 사라진다.

이는 1823년 체코의 푸르킨예 (Purkinje shift)에 의해 발견되었는데 활동하는 시각기제가 추상체에서 간상체로 이동하는 것을 말한다. 푸르킨예 이행을 이용한 대표적 사례가 비상구 표시등이다.

그림 1-15 푸르킨예 현상

4) 색각이상(Color Blindness)

우리가 인지하는 색은 대상이 가지고 있는 고유의 색이 아니라, 대상이 부분적으로 흡수하고 부분적으로 반사하는 빛의 색이다. 그런데 이 색을 인지하는 사람의 색각은 주관적인 감각으로 대상에 고유한 물리적 특성 그 자체가 아니라 개개인이 자신의 눈과 뇌신경계를 통해 만들어낸 결과로, 같은 대상을 본다 하더라도 사람에 따라서 색에 대한 인식이 조금씩은 다를 수 있다.

이런 차이는 일상생활에서 의사소통이나 정보교환에 문제는 없지만 미세한 색인식의 차이를 넘어 정상인과 다른 색각을 가지는 경우가 있는데 이를 색각이상이라 한다. 색각이상의 특징은 어떤 색을 전혀 인지하지 못하거나 혹은 다른 색과 구별하지 못하는 것이다.

색맹이라 일컫는 색각이상은 색을 인식하는 차이가 커 정상인과 매우 다른 색각을 가지며 색을 전혀 구분하지 못해 사물이 온통 회색으로 보이는 등의 완전 색맹은 매우 드물며, 특정 색상에 대한 분별능력이 떨어지는 경우가 많다. 색맹과 비슷한 색약은 색맹 증상만큼 심하지는 않으나 색을 판별하는 능력이 다소 약한 것을 말한다.

색을 인식하는 것은 망막 내 시각세포인 원뿔세포(추상체)의 역할이다. 빛을 감지하여 신경 신호로 바꾸어주는 원뿔세포에 이상이 있을 때 색맹이 생기게 되는데, 색맹의 원인은 선천성과 후천성으로 나눌 수 있다. 선천성은 태어날 때부터 색각 유전자에 이상이 있는 경우로, 대부분 시력은 정상이며 색맹이 호전되지도 진행하지 않는다고 한다. 후천성 색각이상의 경우는 전체 색각이상의 인구 중 약 1% 미만이며 선천성 색각이상이 대부분 제 1, 혹은 제 2색각(녹색맹, 적색맹) 이상인 경우와 비교하여 후천성 색각이상은 대부분 제 3색각 이상 (적색약 혹은 청색맹)으로 나타난다고 한다.

후천성 색각이상의 원인은 뇌종양, 파킨슨병 등의 뇌 질환과 시신경염, 녹내장 등 시신경의 이상이 있을 때 나타나고, 선천성과 다르게 시력 이상이 함께 올 수도 있다. 정상인의 경우 3가지 단색광(적색, 녹색, 청색)의 혼합으로 표현되어 정상적인 색인식 분별능력을 보유하고 있으며, 색약의 경우 적·녹·청 세 개의 원뿔세포 중 하나의 분광민감도가 비정상이어서 해당하는 색의 인식이 정상인과 다르다. 또한 색맹은 원뿔세포 3개 중 2개의 원뿔세포밖에 없어 특정 색상에 대한 분별 능력이 떨어진다.

색약과 색맹의 차이는 실제 정상 색각을 가진 사람이 보는 시각과 색약, 색맹을 가진 사람이 보는 시각은 그림 1-16 과 같다고 한다.

그림 1-16 색각이상자의 시감

02

색의 체계

1 색의 분류

1) 무채색(Achromatic Color)

색은 크게 두 가지 무채색과 유채색으로 나눌 수 있다. 무채색은 흑백을 말하는 것으로. 하양(흰색), 회색, 검정으로서 색은 없고 밝고 어두운 단계만 느낄 수 있다. 흰색에서 검정까지의 사이에 들어가는 회색의 단계를 만들어 그 명암의 차이에 의하여 순차적으로 배열할 수도 있다. 무채색의 온도감은 따뜻하지도 않은 중성색이며 흰색은 어떤 물체를 볼 수 있는 것은 광선에서 나온 빛이 물체에 투사되어 보이는 것이고 회색은 반사광의 일부를 분해하지 않고 나머지 빛을 반사하는 것이다. 검정색은 물질에 투사되는 빛이 100% 흡수되었을 때의 현상이다.

2) 유채색(Chromatic Color)

유채색은 순수한 무채색을 제외한 모든 색을 말한다. 검정, 여러 단계의 회색, 흰색을 제외한 모든 색상, 즉 빨강, 주황, 노랑, 녹색, 파랑, 보라 등 이외에도 색감을 조금이라도 지니는 색의 전부가 이에 속한다.

유채색은 무려 750만종이나 되지만 실제로 눈으로 식별할 수 있는 색은 300여종에 불과하고 일상생활에 필요한 색은 50여종에 이른다.

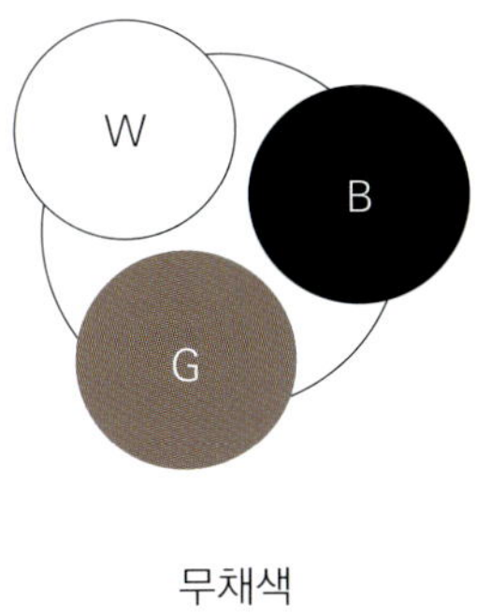

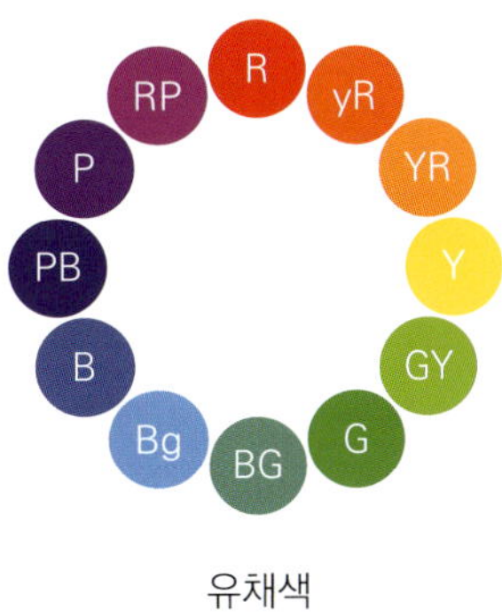

그림 2-1 무채색과 유채색

2 색의 삼속성과 색입체

색은 색의 종류와 그것이 밝아지는 경우와 어두워지는 경우, 그 색의 양이 많은 경우와 적은 경우의 색 조건에 의해 다른 색으로 나타난다. 색채를 혼색해 보면 여러 가지 변화를 발견할 수 있는데, 적색에 황색을 가하면 벽돌색으로 변하고, 적색에 백색을 가하면 분홍색으로 변하기도 한다. 이처럼 색채는 3가지 성질에 의하여 성립하는 것이며, 이를 3속성이라고 부른다.

1) 색상(Hue)

눈 감각에 따라 식별되는 색의 종류로 필요한 색채를 구별하는 데에는 색상은 사물을 봤을 때 각 각의 색이 가지고 있는 독특한 성질이나 명칭을 말하는 것으로 대부분 색을 구별할 때 색상에 의해서 구분된다. 색명으로 구별되는 모든 색들은 모두 감각으로 느낄 수 있다. 색상은 무채색을 제외한, 스펙트럼에서 나타나는 무지개 색을 포함해서 파장의 변화에 따라 보이는 모든 색들을 포함하고 있으며, 분홍색, 붉은 갈색, 빨간색 등은 모두 빨간 색상 계열의 색으로 간주한다.

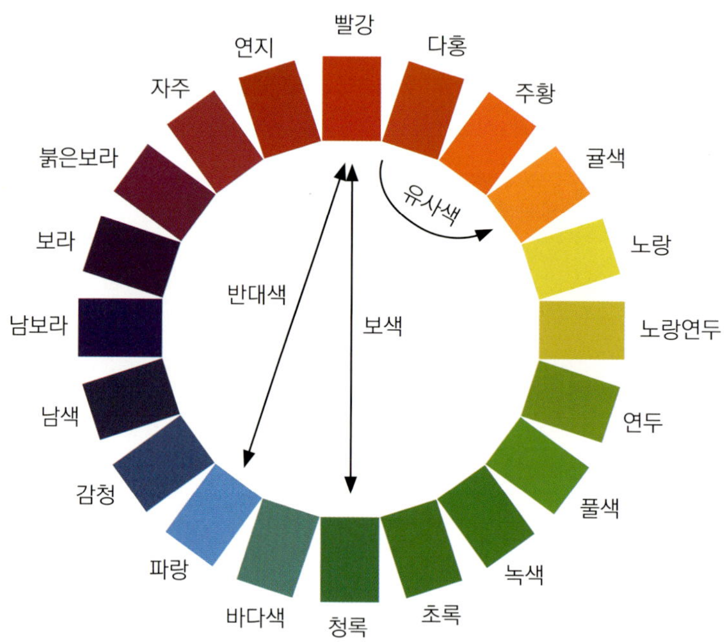

그림 2-2 색상환

여러 색상 중에서 성질이 비슷한 것끼리 둥글게 배열하면 순환성을 가진 색상고리가 형성되는데 이는 가시광선의 스펙트럼을 둥글게 연결하여 색을 배열한 것을 말한다. 모든 색은 몇 가지의 기본 요소를 바탕으로 한 혼합으로 표현될 수 있다는 생각에서 출발한다. 색을 표현하는 기본 요소를 가지고 표시할 수 있는 모든 색 중에서 대표적인 색을 고리모양으로 연결하여 나타낸 것을 색상환(color circle)이라 한다. 이 색상환의 바로 옆이나 이웃자리(근거리)에 있는 색을 유사색, 색상환에서 서로 반대쪽에 있는 색을 반대색, 180° 선상의 서로 마주보고 있는 색을 보색이라 한다. 물리보색은 회전 혼색에서 무채색이 되는 보색이며 심리보색은 눈의 잔상에 따른 보색으로 마젠타(magenta)의 보색은 청록색이고 시안(cyan)은 보색은 주황색이다.

2) 명도(Value/Lightness)

명도란 색의 밝기를 말하는데 색의 밝고 어두운 정도로서 무채색과 유채색 모두에서 나타나며 무채색을 명도의 기준으로 삼아 가장 어두운 검정을 명도 0으로 하고, 가장 밝은 흰색을 명도 10으로 해서 모두 11단계의 명도로 구분하며 흰색에 가까울수록 고명도, 검정에 가까우면 저명도라 한다. 그러나 검정(0)과 흰색(10)은 이상적인 완전한 흑과 백을 뜻하며 현실적으로 얻을 수 없는 색이다. 물감의 색상에서 명도는 흰색을 배합하여 밝게 하거나 검정색을 배합하여 어둡게 조절할 수 있다. 빨강, 파랑 노랑 등 각각의 색상은 모두 다른 명도를 가지고 있는데 노랑과 주황은 고명도, 파랑이나 빨강은 저명도로 나타난다.

색지각에 있서 색의 밝고 어두운 정도를 나타내는 명암단계를 그레이 스케일(Gray Scale)이라고 하며 명도는 색의 3속성 중에서 인간에게 가장 민감하게 반응하며, 그 밝기의 정도에 따라 고명도, 중명도, 저명도로 구분한다.

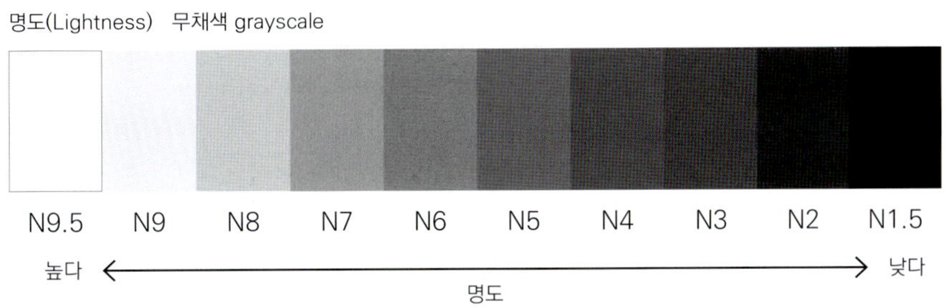

그림 2-3 그레이스케일

3) 채도(Chroma/Saturation)

채도는 색의 선명도를 의미하는 말로 다른 색과 혼합되지 않은 순수한 상태의 색을 고채도, 다른 색상이 섞여 선명도가 낮아진 색을 저채도라 표현한다. 흔히 진한 빨강, 흐린 노랑 등 채도가 높은 경우 '진하다' 혹은 '선명하다'라고 하고 채도가 낮을 경우 '흐리다', '탁하다'는 표현을 사용한다.

어떤 색이 흰색이나 회색, 검정 등 무채색에 가까워지며 원래의 색상에서 선명도가 떨어질수록 채도가 낮아지는데 이는 곧 원래의 색이 탁해지는 것을 의미한다. 유채색의 순수한 정도를 뜻하기 때문에 순도라고도 하며 한 색상에서 채도가 높은 색을 순색이라 한다. 색의 맑고 탁함, 색의 강하고 약함, 순도, 포화도 등으로 다양하게 해석된다. 순도가 높을수록 색은 강하게 보이는데 그 대표적인 색은 빨강이다.

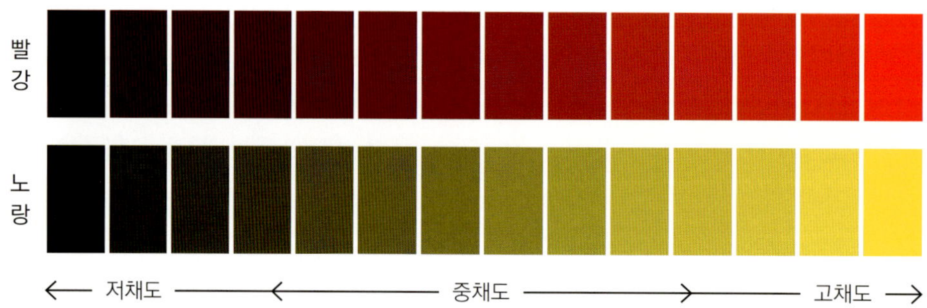

그림 2-4 채도단계

4) 색입체(Color Pyramid)

색상, 명도, 채도 등 색채 3속성에 기반을 두고 여러 가지 색채를 질서 정연하게 배치한 3차원의 표색 구조물로 색상은 원으로 명도는 직선으로 채도는 방사선으로 3차원공간에 동시에 배열한 것을 색입체라고 한다.

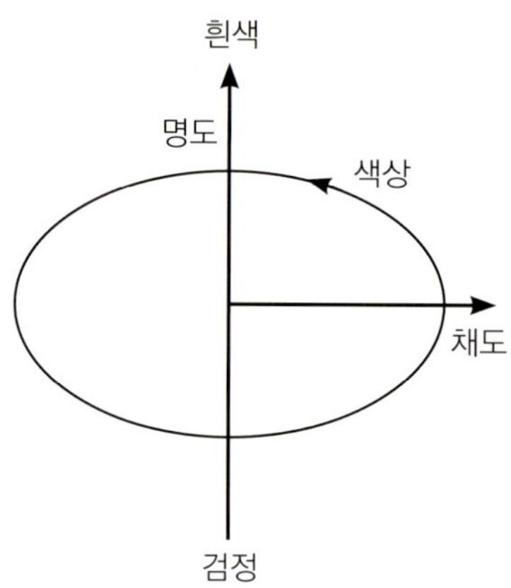

그림 2-5 색입체

기본이 되는 원색을 S (strong) 톤으로 두고, 거기서 더 채도가 높은 것을 vv(vivid) 톤, 기본 원색에서 조금 더 명도가 올라가면 lt (light)톤, 기본 원색에서 명도가 내려가면 dp (deep) 톤, 원색에서 채도가 낮아지면서 명도를 조절하면 pl, sf, dl, dk 톤들이 나타난다.

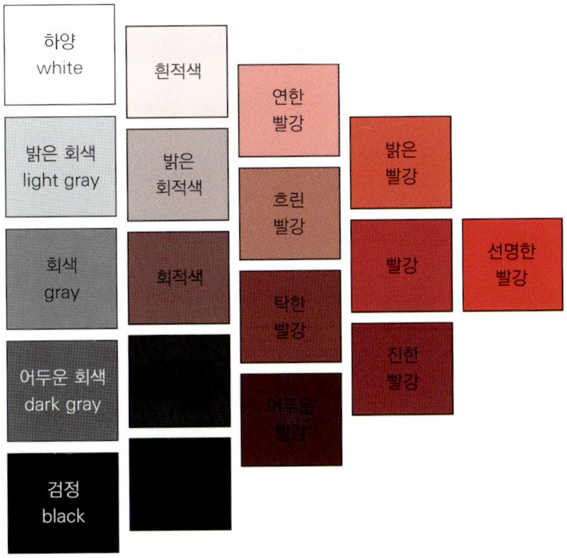

그림 2-8 빨강색의 톤 분류/KS

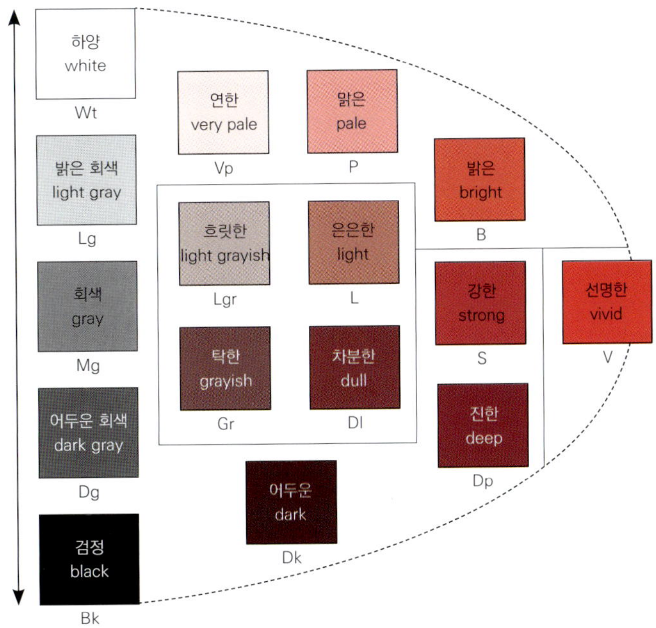

그림 2-9 IRI 톤 분류

2) 톤의 특성

(1) 비비드(Vivid : 선명한)

선명한 색조인 비비드 톤은 모든 톤의 기준이 되는 가장 선명한 톤으로 어떤 톤보다도 시선이 집중된다. 채도가 가장 높으며 화려한, 강한, 활동적인, 자극적인 이미지를 갖고 있다. 시각적으로 강렬한 이미지를 주는 톤은 자기주장을 강하게 나타내는 데 효과적이다

빨강, 노랑, 주황, 초록 등 기본 12색(KS)을 중심으로 화려한 원색의 톤이다. 선명하고 활동적인 이미지의 색으로 강한 인상을 주어 주위 사람들의 주목을 끌기 쉬우며 무채색과 배색하여 화려하고 강렬한 이미지를 얻을 수 있다. 따라서 자극적인 메시지에 효과적으로 활용된다. 자유분방함을 강조하는 캐주얼, 스포티브, 팝 스타일 패션에 잘 어울린다.

그림 2-10 Vivid

(2) 스트롱(Strong : 강한)

비비드 톤에 중간 명도의 회색을 약간 섞은 색감으로 다소 탁하며 비비드 컬러보다 진하다 혹은 강하다는 느낌을 주는 컬러 톤이다.

비비드에 비해 다소 선명함이 낮고 탁한 느낌의 강한 원색이 주를 이루며 색감이 강하므로 선명하고 적극적이며 화려하다는 이미지로 스포츠용이나 성인을 타켓으로 한 용품에 적합하며 충실하고 튼튼하며 실용적인 이미지를 불러일으키는 톤이다.

그림 2-11 Strong

(3) 브라이트(Bright : 밝은)

밝고 투명하며 빛이 영롱하게 투영되는 이미지이다. 브라이트는 비비드에 흰색을 아주 조금 섞어 만든 색으로, 색상이 좀 더 밝고 깨끗한 느낌을 준다.

보석류에서 자주 볼 수 있는 이 톤은 비비드 하면서도 선명하게 빛나기 때문에 예쁘고 명랑한 이미지를 연출하기에 적합하다. 밝고 화려한 느낌의 포멀 웨어나 기분을 유쾌하게 하는 유희적인 디자인에 알맞다.

그림 2-12 Bright

(4) 페일(Pale : 엷은)

페일 톤은 비비드에 약 6배의 흰색을 섞어서 만든 색으로, 일반적으로 알고 있는 가장 부드러운 파스텔 톤이다.

흰색이 혼합되어져 색은 약해지나 가벼운 이미지는 더 강해진다. 밝고 온화하며 세련된, 로맨틱한, 가벼운, 맑은 이미지를 갖고 있다.

부드럽고 화사해 보이며 산뜻하고 여성스러운 느낌으로 로맨틱하고 귀여운 느낌을 표현할 수 있다. 따뜻함, 감미로움, 낭만적인 분위기에 어울리며 매우 부드럽고 귀여운 이미지로 주로 유아복에 흔히 사용되지만, 성숙한 여성이 사용하면 우아해 보이는 특징도 갖고 있으며 로맨틱한 여성복, 소프트 페미닌 이미지를 연출하는데도 포인트로 많이 사용된다.

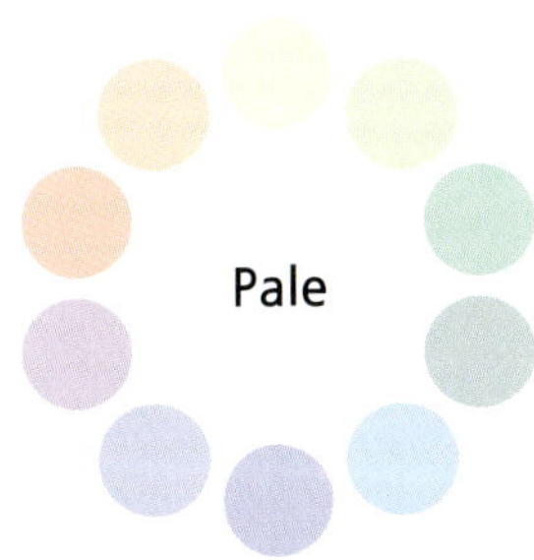

그림 2-13 Pale

(5) 화이티시(Whitish : 흰색)

흰 색조인 화이티시 톤은 비비드 톤에 약 10배의 흰색이 혼합되어진 색으로 유채색의 톤 중에서 가장 밝은 톤이다. 가장 밝고 연하며 담백한, 부드러운, 우아한, 가벼운, 약한, 섬세한 이미지를 갖고 있다.

비비드 톤으로 부터 상당히 떨어져 있으므로 비비드 톤의 강도가 상실되고 반대로 약함이 느껴지게 된다. 색 자체가 아주 연하기 때문에 보색이나 반대색을 사용해도 강한 느낌이 없어 고급스러운 배색 효과를 얻을 수 있다.

그림 2-14 Whitish

(6) 라이트(Light : 연한)

라이트 톤은 비비드에 약 6배의 흰색을 섞어서 만든 색으로, 브라이트 같은 밝은 색이지만 흰색이 더 포함되어 색이 가볍고 부드러운 느낌을 주며 편안하게 즐길 수 있는 이미지다. 여성스럽고 감미로운 것이 특징이며, 역시 여성스러운 페미닌룩에 어울린다.

밝은 색조인 라이트 톤은 비비드 톤에 흰색이 약간 혼합되어진 맑은 톤이다. 비비드 톤의 이미지와 비슷하여 선명하고 밝은, 건강한, 명랑한, 신선한 이미지를 갖고 있다. 라이트 톤은 밝게 빛나는 이미지가 있어 상쾌함과 희망을 주는 효과가 있다.

그림 2-15 Light

(7) 라이트 그레이시(Light grayish : 밝은 잿빛)

비비드에 밝은 회색을 가미한 색으로, 햇빛에 바랜 느낌이 들며 세련되고 우아한 느낌이다. 지적이고 차분한 이미지면서 동시에 은근한 파스텔 색감의 여성스러운 느낌이 조화되어 도시적인 세련미를 표현한다. 밝은 회색조인 라이트 그레이시 톤은 밝은 회색에 약간의 비비드 톤이 혼합되어 담백한, 도시적인 이미지를 갖고 있다. 우아하고 세련된 이미지를 표현하는 데 활용할 수 있다. 햇빛에 바랜 듯한 색조로 흐릿하고 차분한 느낌을 전달한다.

그림 2-16 Light Grayish

(8) 덜(Dull : 차분한)

비비드에 회색을 가미한 색으로 차분하게 가라앉은 고상한 이미지이며, 주로 토기나 대지에서 느낄 수 있는 자연적이고 안정된 색조이다. 비비드에서 볼 수 있는 활발함이 사라지고 전체적으로 색 맛이 감소되어 고상하고 고풍스러운 이미지를 풍긴다.

흙색조(earth color)에서 느껴지는 내추럴한 이미지를 표현하는 패션 스타일에 알맞다. 탁한 색조인 덜 톤은 비비드 톤에 회색이 혼합되어진 중간 밝기의 탁색이다. 탁색은 비비드 톤이 갖는 순수성을 둔하게 만들어 차분한, 온화한, 점잖은, 둔탁한, 내추럴한 이미지를 갖고 있다. 비비드 톤

그림 2-17 Dull

과 같은 활동성이 상실되고 전체적으로 확실하지 않은 분위기로 되어 있다. 색상의 느낌이 강하지 않으므로 다양한 배색으로 두드러지지 않으면서 중후하고 고상함을 표현할 수 있다.

(9) 디프(Deep : 진한)

비비드에 검은색이 약간 가미된 색이다. 자극이 강한 비비드 보다 명도, 채도가 약간 낮아 깊고 짙은 톤으로 침착하고 중후하며 고급스러운 이미지를 나타낸다. 원색이 주는 생동감이 약간 감소되지만 차분한 느낌을 주기 때문에 다이내믹하고 역동적인 이미지의 배색에 어울리며 어른스럽고 세련된 이미지 연출에 좋다.

진한 색조인 딥 톤은 비비드 톤에 약간의 검은색이 혼합되어진 맑은 색으로 자극이 강한 비비드 톤의 명도를 낮춤으로써 침착한 느낌을 준다. 맑은 색이므로 어둡지만 맑은 느낌을 주며, 색상도 가지고 있어 중후한 이미지를 갖는다. 비비드 톤과 같이 활동적인 분위기는 없으나 깊고 짙은 색으로 강한 이미지를 갖고 있다. 전통적인, 중후한, 충실한 이미지를 갖고 있으며, 고급스럽고 원숙한 느낌을 잘 표현할 수 있다.

그림 2-18 Deep

(10) 그레이시(Grayish : 잿빛)

회색조인 그레이시 톤은 회색에 약간의 비비드 톤이 혼합되어진 탁한 색으로, 명도가 낮고 색상의 기미를 거의 가지고 있지 않아 색이 약간 느껴질 정도이다. 수수한, 우중충한, 소박한 이미지를 갖고 있다. 회색이 들어가 발색은 둔해져서 칙칙하게 보이지만 어두운 만큼 침착하고 차분함을 잘 표현하고 있고, 때로는 도시적인 세련미를 연출한다. 비비드에 회색을 혼합한 색으로, 명도와 채도가 낮아 탁하기 때문에 훨씬 무게감이 느껴지고 차분하고 침착한 느낌을 준다. 지적이며 세련되고 도시적인 시크함을 연출하는 소피스티케이트(Sophisticate) 스타일을 잘 표현할 수 있다.

그림 2-19 Grayish

(11) 다크 그레이시 (Dark grayish : 어두운 잿빛)

검은색을 가미한, 명도가 가장 낮은 어둡고 짙은 색이다. 거의 검정에 가깝지만 검정과는 분위기가 좀 다른 깊은 맛이 드는 톤으로 중후하고 엄숙하며 미묘한 신비감을 지니고 있다. 색을 느끼기가 어려울 만큼 낮은 채도를 지니고 있어 무게감이 느껴지는 색으로 남성적인 이미지가 강한 톤이다.

그림 2-20 Dark grayish

(12) 다크(Dark tone)

어두운 색조인 다크 톤은 비비드 톤에 딥 톤보다 많은 검은색이 혼합되어진 맑은 색이다. 검은색이 혼합된 것만큼 명도가 낮아지므로 어둡고 무거우며 수수한, 단단한, 남성적인, 점잖은 이미지를 갖는다.

색상이 적으므로 화려함이 없고 소박한 느낌이 강하다. 고유 색상이 강하게 느껴지지 않으므로 여러 가지 색의 배색에도 효과적으로 활용할 수 있다.

그림 2-21 Dark tone

3) 컬러 이미지 스케일(Color Image Scale)

이미지 스케일은 다양한 색이 갖고 있는 감정 효과, 연상과 상징, 공감각, 전달 과정 등을 체계적으로 분석하고 조사하여 특정한 언어로 객관화시켜서 구성한 이미지 공간을 말한다.

이미지 스케일은 감성 배색이나 색채 계획과 디자인을 진행할 때 가장 기본적인 지식이 되며, 색에 대하여 객관성과 정확성을 높일 수 있다. 그러나 이미지 스케일은 개인, 국가, 문화, 양식, 환경 등에 따라서 모두 다르게 나타나게 된다. 따라서 이미지 공간은 주제의 특성에 맞는 이미지 공간을 제작하여 활용해야 한다.

(1) 단색 이미지 스케일

단색 이미지 스케일은 모든 색상을 그 이미지의 차이에 따라 심리적 판단 인자를 축으로 하는 공간에 위치시켜 한눈에 파악할 수 있는 색채감성 공간이다. 즉, 빨강과 파랑, 노랑과 초록 등과 같이 각각의 색에서 느껴지는 이미지의 차이를 공간상의 거리의 차이 또는 그 색이 위치하고 있는 위치와 같은 시각적 정보로 한눈에 비교해 볼 수 있게 제시한 것이다.

(그림 2-22)의 단색 이미지 스케일은 10색상의 12가지 톤과 10단계의 무채색에 대하여 색 이미지를 측정하여 인자 분석을 하고, 그 결과를 바탕으로 각 색의 이미지 데이터를 영역별로 놓아 만든 것이다. 색채 이미지의 영역에 있어서 모든 색은 따뜻한 색 아니면 차가운 색, 부드러운 색 아니면 딱딱한 색 등으로 단색의 이미지가 나누어진다.

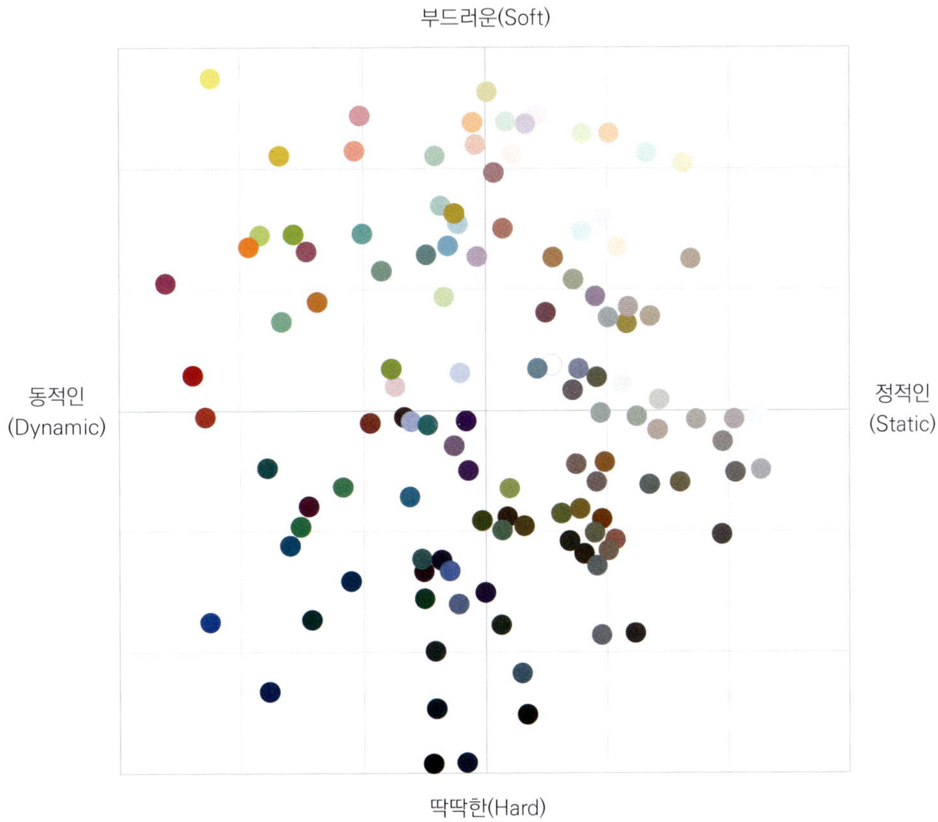

그림 2-22 단색 이미지 스케일

(2) 배색 이미지 스케일

배색 이미지 스케일은 이미지의 미묘한 차이를 표현할 수 있는 최소의 기본 단위인 3색 배색을 이용하여 만들어졌으며, 비슷한 느낌의 배색을 함께 묶어 각각의 그룹에 귀여운, 맑은 등의 키워드를 부여한 후 몇 개의 그룹을 만들어서 배색이 가진 특징을 알기 쉽도록 하고 또 그 느낌의 차이를 명확히 할 수 있도록 제시한 것이다.

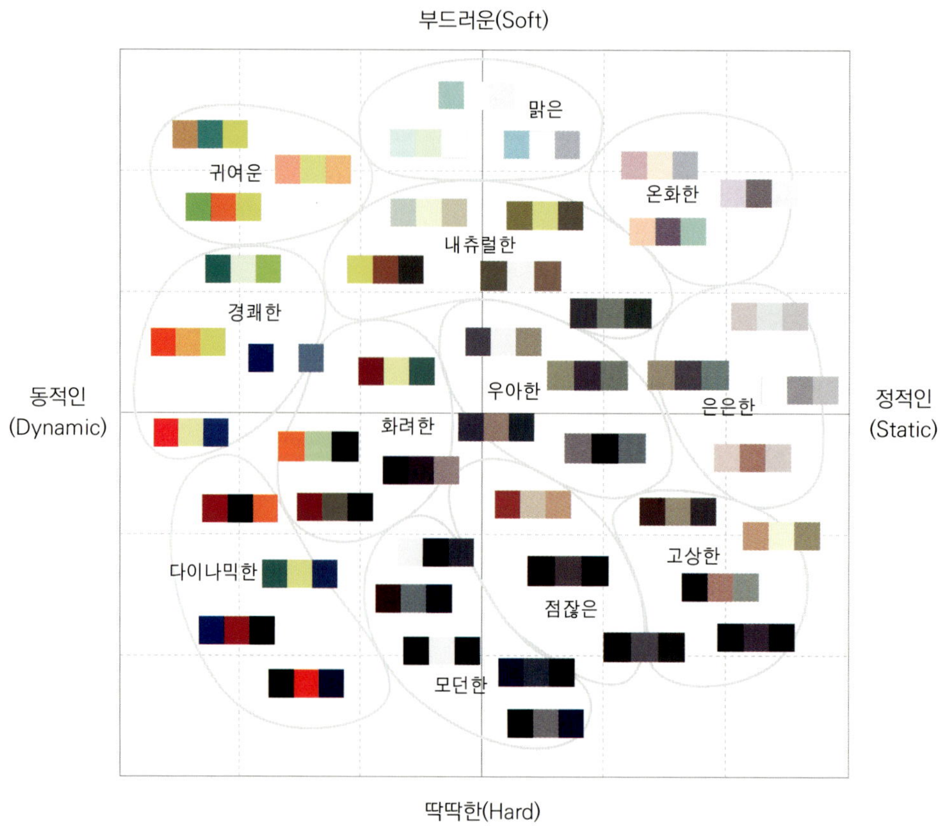

그림 2-23 배색 이미지 스케일

4 색체계

1) 먼셀 색체계

미국의 화가이자 색채 연구가인 먼셀(Albert Munsell)에 의해 1905년 창안되었고 1929년 [색 표집](The Munsell Book of Color)으로 출판되었다. 색에 관한 다양한 속성을 체계적으로 연구하여 정리한 색체계로 색의 3속성인 색상(Hue), 명도(Value), 채도(Chroma)의 연관성을 체계적으로 기술한 색채 시스템으로 이후 여러 차례 수정을 거치게 되는데 1943년 미국광학회(OSA)의해 수정된 수정 먼셀 색체계는 이후 세계적으로 널리 사용되는 색에 관한 체계로 활용 되고 있다. 먼셀 시스템의 가장 큰 특징은 색의 3속성인 색상, 명도, 채도로 모든 색을 기술하는 방식의 대표적인 것이다.

먼셀 표색계는 현재 우리나라의 공업규격(KSA0062-71색의 3속성에 의한 표시방법)으로 제정되어 사용되고 있으며 또한 교육용(교육부 고시 제312호) 으로도 채택된 표색계이다. 먼셀은 독일의 오스트발트 표색계와 현색계의 쌍벽을 이룬다. 먼셀은 색상을 휴(Hue), 명도를 밸류(Value), 채도를 크로마(Chroma)라고 부르고 있다.

(1) 먼셀 색상(Hue)

고리모양의 휴(Hue-색상) 영역의 색상은 적(R), 황(Y), 녹(G), 청(B), 자(P)의 5색을 원색으로 하고 그 중간색 주황(YR), 황록(GY), 청록(BG), 청자(PB), 적자(RP)을 배치시켜 먼셀 색상은 각각 Red, Yellow, Green, Blue, Purple의 머리글자인 ,R, Y, G, B, P의 다섯 가지를 기본으로 하고 있으며 이것은 다시 10등분되어 100색상으로 분할되어 고리 형태의 색상환을 이루고 있다. 각각이 색상에는 1~10의 번호가 붙어서 활용하고 5번이 색상의 대표색이 된다.

(2) 먼셀 명도(Value)

세로의 형태로 배열되는 명도는 먼셀의 색상 체계에서 명도 단계는 무채색을 기준으로 모든 빛을 흡수하는 이상적인 검정을 0으로, 모든 빛을 반사하는 이상적인 흰색을 10으로 해서 그 사이를 감각적으로 같은 단격이 되도록 11단계로 나누어 배열하고 있다. 명도축은 0에서 10까지 번호가 증가하는데, 0은 절대 검정, 10은 절대 흰색을 나타내며 현실에서는 존재 하지 않으며 실제로는 1.5~9.5까지의 값들이 사용된다.

(3) 먼셀 채도(Chroma)

채도가 높은 안료가 새롭게 개발될 때는 나뭇가지처럼 채도의 축을 늘여갈 수 있다고 하여 이 색입체를 '컬러트리'라고 부른다. 표기법은 /2, /4, /6 ..../14처럼 2단위로 구성되어 있으나, /1, /3을 추가하기도 한다.

(4) 먼셀 색입체(Color Pyramid)

먼셀표색계에는 '색의 나무'라고 하는 색입체가 있는데 그 중심축은 상단을 흰색, 하단을 검정으로 잡은 무채색의 배열이고, 축을 포함하는 각 종단면에서 가장 밖으로 튀어나온 점이 각 색상에서 가장 선명한 색을 대표한다. 색상에 따라 그 높이(명도)가 다르고, 또 가지의 길이(채도)도 다르게 되어 있다. 수평으로 색입체를 자른 세로단면도에서는 여러 가지 색깔을 한 번에 볼 수 있어 보색 관계를 파악할 수 있고 또한 채도 단계를 집중적으로 볼 수 있지만 명도 차는 알 수 없다. 명도차를 확인하려면 수직으로 자른 가로 단면도로 확인해야 한다. 세로단면도와 반대로 가로단면도는 채도차를 확인할 수 없다.

(5) 먼셀 표기법

색상, 명도, 채도의 기호는 H, V, C이며 이것을 표기하는 순서는 HV/C이다. 빨강의 순색을 예로 들면 5R4/14로 적고 읽는 방법은 5R(색상) 4(명도)의 14(채도)로 읽는다.

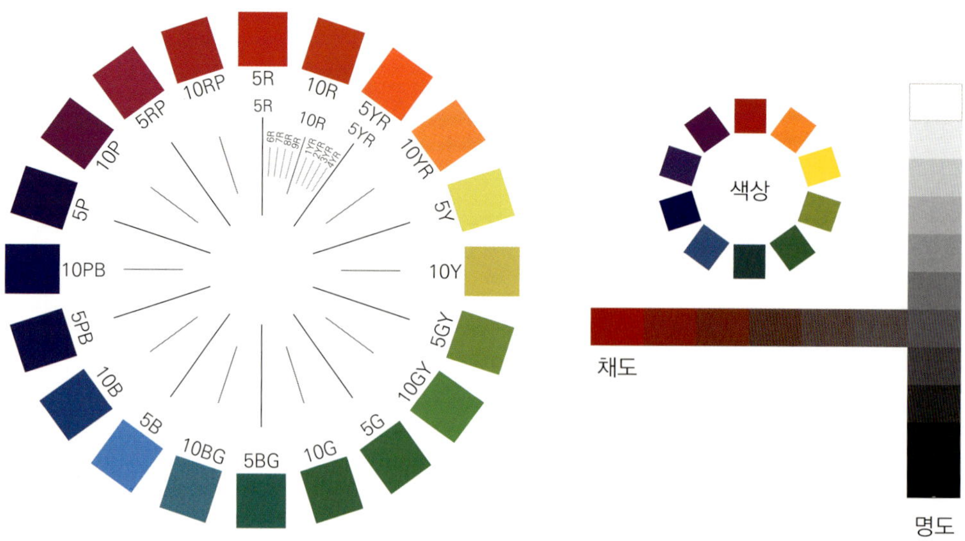

그림 2-24 먼셀 색체계

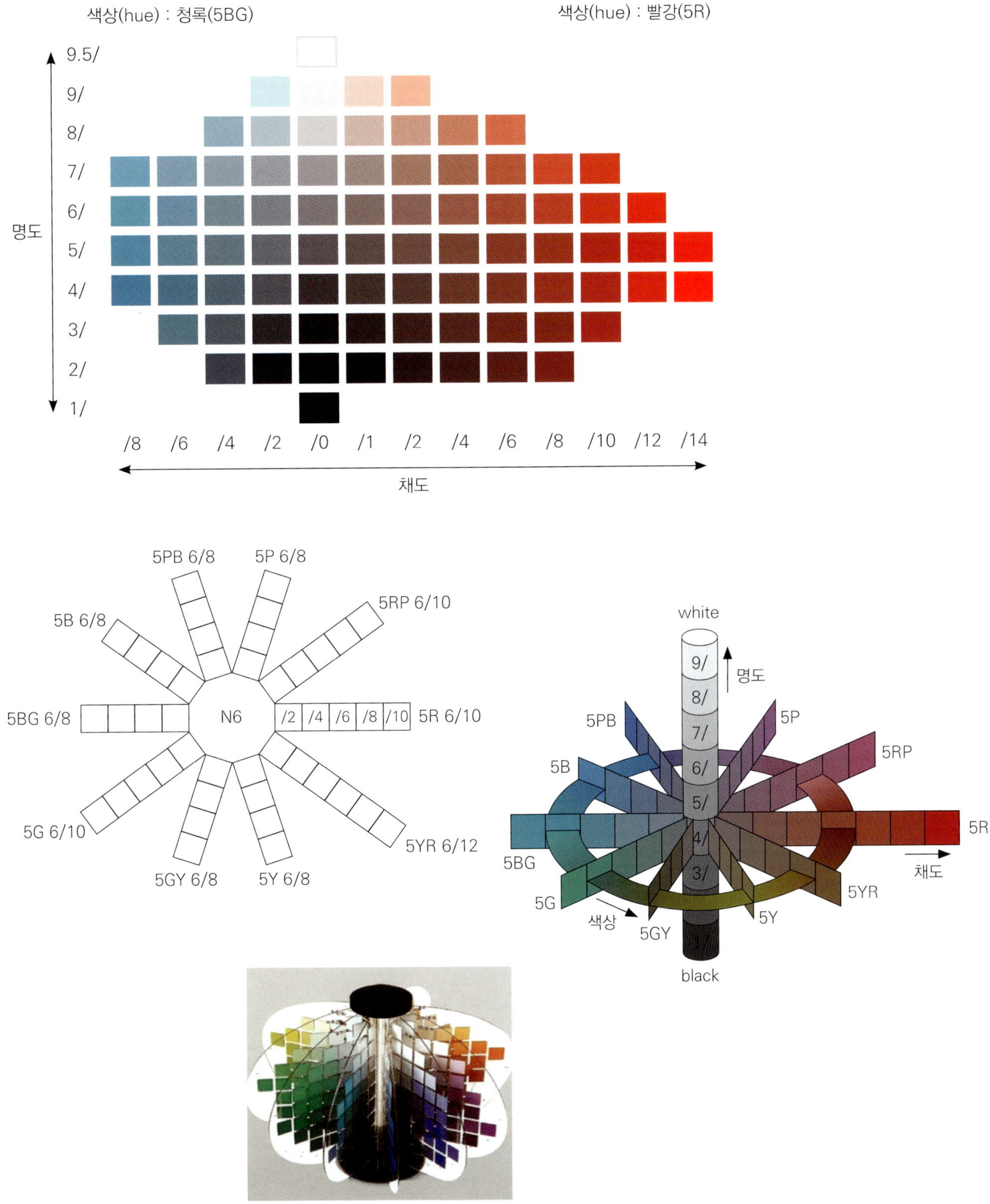

그림 2-25 먼셀 색입체와 단면도

2) NCS 색체계(Natural Color System)

독일의 심리학자 헤링의 이론을 기초로 하여 1972년 스웨덴 색채연구소에서 발표한 색체계로 유럽각국의 표준체계로 사용되고 있다. NCS는 표면색에 대한 모든 색 지각의 특징적인 관계를 심리측정 방법으로 정량화하여 기술 또는 체계화 한 것이며, 노르웨이, 스페인, 스웨덴의 국가 표준색에 기여했으며 1979년 1,412색의 색표집에서 1995년 2차로 보완된 색의 개정으로 1,750색의 색표집이 완성되었다.

자연색을 바탕으로 한 색체계로 먼셀시스템의 한계점을 보완하여 업체 간의 커뮤니케이션을 원활하게 해주어 널리 활용되고 있다. NCS는 오스트발트 색체계(각각 순색, 완전한 하양, 완전한 검정의 3가지 축을 기반으로 한 삼각형의 개념을 바탕으로 마름모 모양의 단면을 가진 원뿔을 제시했으나 같은 기호의 색일지라도 명도에 차이가 있는 결점이 있어서 널리 쓰이지 않는다.)와 헤링의 반대색상설을 기초하여 만들어졌지만 먼셀 표색계와도 호환성이 좋아 유럽의 많은 나라에서 표준으로 사용하고 있다.

(1) NCS 색상

심리4원색 노랑(Y),-파랑(B), 빨강(R),-초록(G)과 백색(W)-흑색(B)을 기본색으로 노랑, 파랑, 빨강, 초록의 4가지 색이 마주보게 위치하여 각 색상사이를 10단계로 구분하여 총 40개의 색상환으로 구성되어있다. 순수한 노랑은 Y이고 노랑에 빨강이 10% 섞이면 Y10R로 표기한다.

(2) NCS 색공간

삼차원 모델로 인간이 구별할 수 있는 빨강(R), 노랑(Y), 파랑(B), 초록(G)의 4가지 유채색과 흰색(W), 검정(S)의 2가지 무채색을 합하여 모두 6가지 색을 기본색으로 한다.

(3) NCS 색상삼각형

색공간을 수직으로 자른 등색상면으로 동일 색상을 지닌 색들을 배열해 놓은 NCS 등색상 삼각형이다. 기본색들은 각각 흰색과 검정의 양이 포함되었는지의 순도에 따라 색삼각형을 이루게 되며 3차원의 원추형 색입체로 구성되어 있다. 색상 삼각형의 위에서 아래로 흰색(W)과 검정(S)의 그레이 스케일, 삼각형의 오른쪽 꼭짓점에는 채도(C)를 표기했다. 등색상 삼각형에서의 모든 색에 대한 검정, 순색, 그리고 흰색 기미의 합은 100% 즉, W(%)+S(%)+C(%)=100(%) 이 된다.

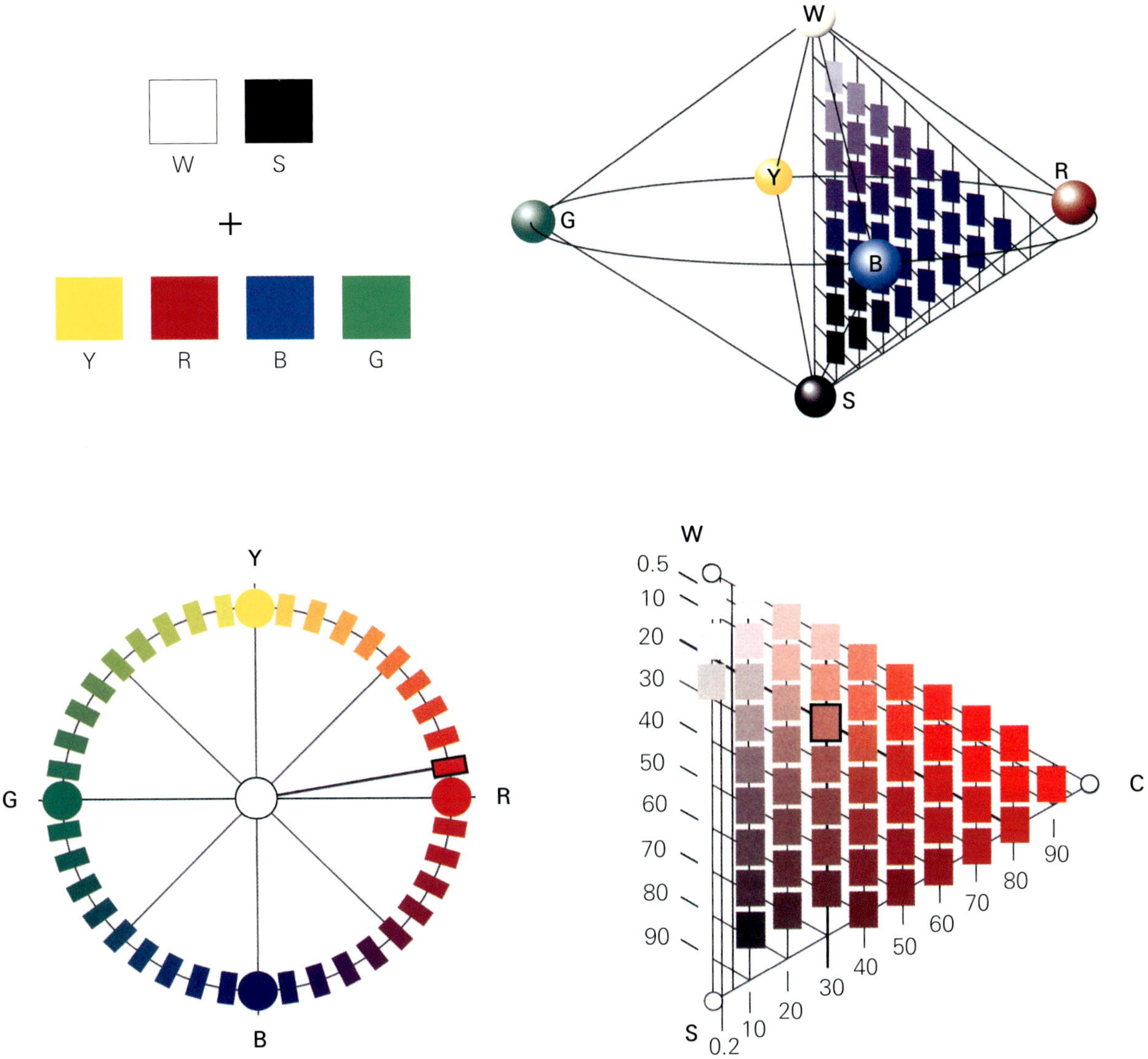

그림 2-26 NCS 색체계

(4) NSC 색표시법

NCS 표기법에서 'S2030-Y90R'에서 기호의 처음에 나오는 'S'는 second edition임을 나타내는데 두 번째 개정판을 뜻하고 2030은 색의 뉘앙스를 나타낸다. 즉, 검정색과의 근접 정도, 그리고 순색으로의 근접 정도를 말하는 것이다. 여기에서는 검정색의 20%와 순색의 30%를 나타내고 있다. 색상을 나타내는 'Y90R'은 노랑(Y)에 90%의 빨강(R)을 혼합했음을 뜻한다. 곧 90%의 빨강색을 가지는 노랑이라는 뜻이다.

무채색의 경우에는 색상이 매우 미미한 수치이기 때문에 색상 부분의 표기가 없고, 늬앙스 부분만 표기하게 되며, 무채색을 의미하는 neutral의 'N'을 표시하게 된다. 즉, '0500-N'은 흰색이며, 1000-N, 1500-N, 2000-N 등의 형식으로 '9000-N' (검정)까지 표기된다.

3) 한국의 전통색채 및 KS표준색 (한국산업규격)

(1) 오방색

음양오행의 오행을 색으로 나타낸 것으로 목(木)은 청(青), 금(金)은 백(白), 화(火)는 적(赤), 수(水)는 흑(黑), 토(土)는 황(黃)에 대응된다. 음양오행 사상에 따르면 흰색·황색·적색은 양(陽)이고, 청색, 흑색은 음(陰)이며, 각각의 색이 지닌 의미와 상징에 따라 오방신장·오방 처용무·관복·오방낭자·오색실·색동옷·오곡·단청·화문석 등 우리의·식·주 전반에 걸쳐 다양하게 표현되고 있다. 음양오행설(陰陽五行說)에서 풀어낸 다섯 가지 순수하고 섞음이 없는 기본색을 오정색(五正色)이라 불렀으며 오색(五色), 오채(五彩)라고도 하였다. 청은 동방, 적은 남방, 황은 중앙, 백은 서방, 흑은 북방으로 오방이 주된 골격을 이루며 양(陽)의 색이다. 오행의 각 기운과 직결된 청 ,적, 황, 백, 흑, 이 다섯 가지가 기본색이다. 오간색(五間色)은 동서남북, 중앙의 사이에 있는 음(陰)의 색으로 녹색(綠), 벽색(碧), 홍색(紅), 자색(紫),유황색(硫黃)이다.

오방색의 다섯 가지 색상의 뜻은 백색은 청정과 순결, 광명, 도의 흑색은 소생을 상징하는 동시에 만물의 흐름과 변화를 뜻하며 청색은 태양이 솟는 동방과 동시에 봄과 창조, 신생을 상징한다. 적색은 만물의 무성, 양기의 왕성, 부정한 것을 막는 색상을 상징하고 황색은 광명, 양기의 정화, 모든 색의 근원으로 숭상을 상징한다. 이 다섯 가지 색상들이 각각 가지고 있는 뜻의 상호작용으로 '길과 화복이 얽힌다.' 라는 의미를 담고 있으며 가장 넓은 의미로 정의하면 '우주생성의 근본이 되는 다섯 가지 색'이라고 할 수 있다.

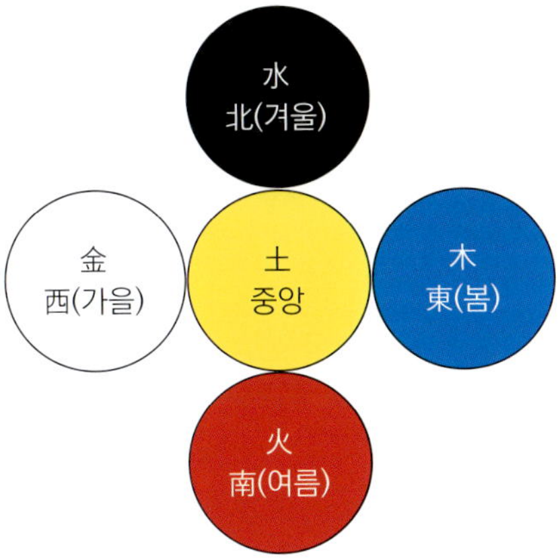

그림 2-27 오방정색

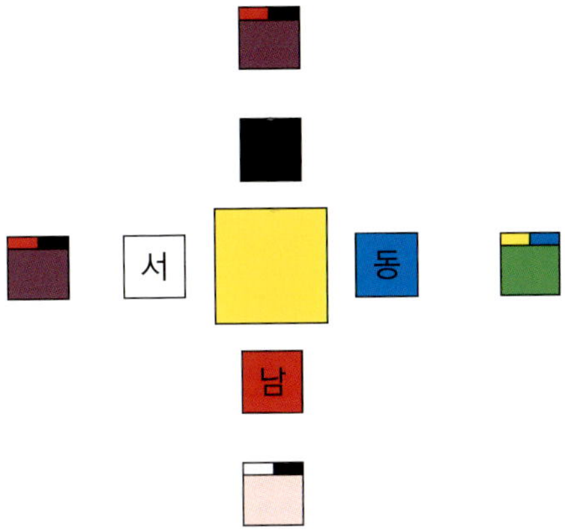

그림 2-28 오방간색

표 2-1 오방색

오방색	청색	적색	황색	백색	흑색
방위	동쪽	남쪽	중앙	서쪽	북쪽
계절	봄	여름	토용(절기)	가을	겨울
오행(요일)	목(木)-나무	화(火)-불	토(土)-흙	금(金)-쇠	수(水)-물
오상	인(仁)	예(禮)	신(信)	의(義)	지(智)
수호사신	청룡(青龍)	주작(朱雀)	황룡(黃龍)	백호(白虎)	현무(玄武)

그림 2-29 한국의 전통색채

(2) KS표준색 (한국산업표준)
-<한국산업표준 KS A0011: 물체색의 색 이름>

한국산업표준에서 기본적인 색의 구별을 나타내기 위한 색 이름이다. 최근2015년 6월 30일 개정판에 의하면 12개의 유채색과 3개의 무채색 기본색명을 규정하고 있다.

유채색의 기본 색명은 빨강(Red), 주황(Yellow Red), 노랑(Yellow), 연두(Green Yellow), 초록(Green), 청록(Blue Green), 파랑(Blue), 남색(Purple Blue), 보라(Purple), 자주(Red Purple), 분홍 (Pink)과 갈색(Brown)이며, 무채색의 기본색명은 하양(White), 회색(Gray), 검정(Black)이다.

〈KS A 0011 : 물체색의 색 이름〉에 따른 색상과 색조

약호	R	YR	Y	YG	G	BG	B	PB	P	RP	Pk	Br	Wh	Gy	Bk
기본15색															

색상 / 색조	R 빨강	YR 주황	Y 노랑	YG 연두	G 초록	BG 청록	B 파랑	PB 남색	P 보라	RP 자주
기본색										
vv 선명한										
dp 진한										
dk 어두운										
dl 탁한										
sf 흐린										
lt 밝은										
pl 연한										
wh 흰										
ligy 밝은회										
gy 회										
dkgy 어두운회										
bk 검은										

Neutral	Color
N9.5	
N9	
N8	
N7	
N6	
N5	
N4	
N3	
N2	
N1.5	

그림 2-30 Hue & Tone 155

표 2-2 한국산업표준 KS A0011: 물체색의 색 이름 (2015년 6월 30일 개정)

① 유채색 색 이름

색 명	대응영어	약호	비고
빨강(적색)	Red	R	
주황	Yellow Red	YR	
노랑(황색)	Yellow	Y	
연두	Green Yellow	GY	
초록(녹색)	Green	G	
청록	Blue Green	BG	
파랑(청색)	Blue	B	
남색(남)	Purple Blue	PB	
보라	Purple	P	
자주(자색)	Red Purple	RP	
분홍	Pink	Pk	
갈색	Brown	Br	

② 유채색 수식 형용사

색이름 수시형	대응영어	약호	비고
선명한	Vivid	vv	
흐린	Soft	sf	
탁한	Dull	dl	
밝은	Light	lt	
어두운	Dark	dk	
진한	Deep	dp	
연한	Pale	pl	

ex) 선명한 빨강 or 선명한 빨간색
어두운 파랑 or 어두운 파란색

③ 무채색 색이름

색 명	대응영어	약호	비고
하양(백색)	White	Wh	
회색(회)	Grey, Gray	Gy	
검정(흑색)	Black	Bk	

④ 무채색 수식형용사

색이름 수시형	대응영어	약호	비고
밝은	Light	lt	
어두운	Dark	dk	

ex) 밝은 회색, 어두운 회색

5 색의 혼합

1) 3원색과 혼색

원색은 다른 색의 복합으로는 만들 수 없는 색으로 모든 색의 근원이 되는 색을 말하며 반면 이 원색을 혼합하여 어떠한 색이라고 만들 수 있는 특색을 가지고 있다. 원색의 조건은 그 색을 다른 색으로 더 이상 분해할 수 없고 다른 색광의 혼합에 의하여 만들 수 없으며 이들 색을 전부 혼합하면 백색, 또는 흑색이 되어야 한다.

혼합 또는 혼색은 두 개 이상의 색료나 색필터 또는 색광을 혼합하여 다른 색채감각을 일으키는 것을 색의 혼합 또는 혼색이라 한다. 혼색의 개념을 정확히 이해하고 다루는 것은 모든 디자이너들에게 필수적인 능력이므로 3원색의 혼합과 성질을 이해할 필요가 있다.

혼색의 방법의 방법으로는 색자극을 변하게 함으로써 얻을 수 있으며 혼색의 기본유형에는 동시혼색(가산, 감산), 계시혼색(회전혼색), 병치혼색의 세 가지 유형이 있다.

2) 가법혼색(Additive Color Micture)

빛의 혼합으로 색이 있는 빛을 비쳐서 혼합하여 새로운 빛, 곧 색을 만들어 내는 혼합이다. 가산혼합, 색광혼합이라고도 하며 혼색할수록 점점 밝아지게 된다. 이러한 가법혼색의 3원색은 빨강(Red), 녹색(Green), 파랑(Blue)이다.

파랑(B) + 초록(G) = 시안(C)

초록(G) + 노랑(Y) = 빨강(R)

파랑(B) + 빨강(R) = 마젠타(M)

파랑(B) + 초록(G) + 빨강(R) = 흰색(White)

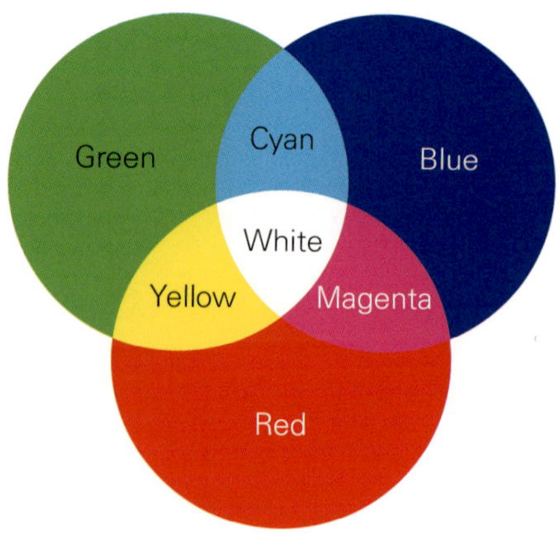

그림 2-31 가법혼색

혼합의 결과는 명도는 높아지고, 채도는 낮아진다. 빨강빛+초록빛 + 파랑빛=백색광이 된다. 이 혼합을 활용한 것들이 우리가 일상생활에서 쓰고있는 컴퓨터 모니터, 조명, TV, 핸드폰 등 이다. 빛의 삼원색이 되는 색파장 중 초록빛과 빨강빛을 함께 비치면 노랑으로 보이며, 빨강빛과 파랑빛을 함께 비치면 마젠타라고 불리는 자색을 띈 분홍색으로, 파랑빛과 초록빛을 함께 비치면 시안(Cyan)이라고 불리는 하늘색으로 보이게 된다.

가법혼색은 Prukinje가 망막조직에는 적, 녹, 청자의 색각세포와 색광을 감광하는 수용기인 시신경 섬유가 있다는 가설을 1807년 발표하는데 이론적 배경이 되었다. 세 가지 세포의 민감도에 의하여 각 색조를 감각하고 그 감각이 셋 모두 같을 때 백색이나 회색이 되며 상대적인 색채의 흥분이 크면 밝아지고 적어지면 어두워지며 흥분이 없어지면 검정색에 가깝게 느끼게 된다. 빛의 2차색은 안료의 1차색이 된다. 이처럼 빛은 혼합할수록 더 많은 빛이 가해져서 눈을 자극하게 되며 더 밝은 색으로 지각하게 되므로 이를 가법혼색이라고 하는 것이다.

가법혼색의 경우 각 색의 파장을 더하는 방식이기 때문에 빛의 손실이 없으며, 혼색을 할수록 명도(빛의 세기)와 채도(빛의 순도)가 높아진다. 이러한 가법혼색은 대표적으로 TV의 브라운관과 컴퓨터의 모니터에 쓰이며, 혼색할수록 밝아지는 성질 때문에 모니터의 이미지를 프린터로 출력할 때 단순히 잉크를 섞게 되면 원본보다 크게 탁하고 어두워진다. 때문에 컴퓨터의 프린터는 감법 혼색과 동시에 병치혼합(점묘법의 원리)를 사용한다.

3) 감법혼색(Subtractive Color Micture)

물감(안료)의 혼합으로 혼합할수록 어두워져 명도가 떨어지는 혼합이다. 혼합한 색이 원래의 색보다 어두워 보이므로 감산혼합, 물감 등의 안료를 직접 혼합함으로 색료혼합이라고도 한다. 혼색할수록 점점 탁하고 어두워지는데 만들어진 2차색은 명도, 채도 모두 낮아진다. 감법혼색의 3원색은 마젠타(Magenta), 노랑(Yellow), 시안(Cyan)으로 인쇄잉크의 3원색과 같다. 색 필터, 색 유리나 셀로판지 등을 겹쳐 놓았을 때나 컬러 슬라이드 필름, 안료의 혼합이 이에 속하며 마젠타물감+노랑물감+시안물감이 모두 합하면 검정에 가까운 색이 만들어 진다.

물감은 빛과 달리 이차적으로 도료에 반사되어 특정 영역을 흡수하는 방식으로 색을 보여주기 때문에 섞으면 섞을수록 빛의 파장이 흡수되면서 명도가 떨어지고 색이 탁해진다. 빛의 삼원색인 빨강(Red)과 파랑(Blue), 초록(Green)을 사용할 경우 보다는 밝은 CMY 컬러를 만들어 낼 수가 없다.

컬러프린터로 잉크한 이미지를 크게 확대하면 아주 작은 CMY 컬러가 점으로 배열되어 있는 걸 알 수 있는데, 점묘법의 원리에 따라 우리 눈이 주변의 흰 영역을 CMY 컬러와 같이 보며 머릿속에서 혼색되면서 출력된 이미지의 명도 및 채도 손실을 최소한으로 만들 수 있다.

이론적으론 CMY 만으로 검정을 만들 수가 있으나, 도료는 빛과 달리 파장을 완벽히 흡수하기 어렵고, 또 삼원색을 균일하게 도포하기 힘들기 때문에 이 세 가지 색만으로는 검정을 만들기가 힘들어 대부분 추가로 검정 잉크를 사용한다. 따라서 잉크프린터는 CMY에 검정(BalcK) 이 추가된 CMYK의 4원색을 사용한다.

마젠타(M) + 노랑(Y) = 빨강(R)

노랑(Y) + 시안(C) = 초록(G)

시안(C) + 마젠타(M) = 파랑(B)

마젠타(M) + 노랑(Y) + 시안(C) = 검정(Black)

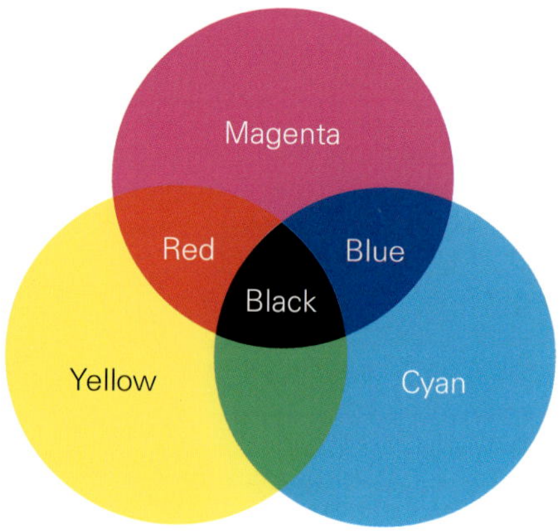

그림 2-32 감법혼색

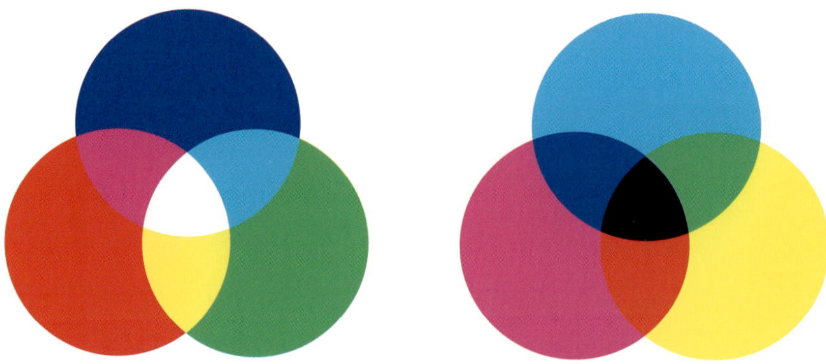

그림 2-33 가법과 감법 혼색의 상관관계

4) 중간혼색

혼색을 했을 때 그 결과물의 명도가 혼합된 색들의 평균(중간)밝기로 나타나는 혼합이다.

계시혼색의 일종인 회전혼색(Rotational color Micture)과 색을 나란히 배치 한 병치혼색(Juxtapositional color Micture)이 이 혼색에 속한다. 실제의 물리적 혼합이 아닌 눈의 망막에서 일어나는 착시적 혼합이며 이때의 밝기는 그 색들의 평균적인 밝기를 갖게 되어 평균혼합이라고도 한다.

(1) 회전혼색(계시가법혼색)

동일지점에서 2가지 이상의 색자극을 반복시키는 계시혼합의 원리에 의해 색이 혼합되어 보이는 것으로 회전판을 이용하여 관찰할 수 있다. 색광을 빨리 교대하면서 계시적으로 혼색하는 방법으로 순차가법혼색이라고도 하며 팽이나 레코드플레이어, 바람개비 등의 회전원판을 일정한 면적비로 하여 부채모양으로 나누어 칠해 1초간에 30회 이상의 속도로 회전시키면, 사실은 이 두 가지 색을 번갈아 계시적으로 보고 있는 것이지만, 눈의 망막에서 혼색되어 하나의 새로운 색으로 보이게 되는 것이다. 이 혼색의 결과 색은 원래 색의 평균치보다 밝게 보인다.

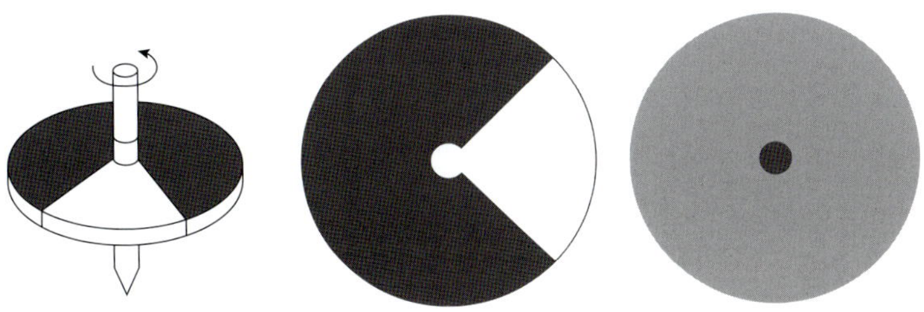

그림 2-34 회전원판에 의한 회전혼색

(2) 병치혼색(병치가법혼색)

색이 조밀하게 병치되어 있어 서로 혼합되어 보이는 현상을 말하며 색을 직접 섞지 않고 색점을 섞어 배열함으로써 거리를 두고 관찰할 때 눈의 착각현상으로 혼색된 것처럼 중간색이 보이는 것이다. 하나하나의 점으로는 볼 수 없는 작은 색 점의 집합에 의해 혼색하는 방법으로 멀리서 보면 혼색되어 다른 색으로 보이는데, 점묘화법이나 모자이크 벽화 등은 이러한 효과를 이용한 것이다.

직물의 다른 색의 종, 횡 실로 짠 직물의 색은 병치가법혼색의 대표적인 예이다. 옷감의 무늬에서도 흔히 볼 수 있는데, 두 가지 색을 미세한 점이나 선으로 엇갈려 놓고 멀리 떨어져 보면 새로운 색으로 보이며 혼색된 결과는 중간의 명도가 되고, 보색관계에서는 회색이 된다. TV나 컴퓨터의 컬러모니터와 망점에 의한 원색 인쇄 등에도 활용되는데 이 또한 색의 면적과 거리에 따라 눈의 망막 위에서 혼합되어져 보이는 생리적인 현상이다.

이와 같이 병치혼색의 혼합색은 채도는 떨어지지 않으면서, 밝은 원색과 어두운 원색 사이의 명도를 가진 중간색으로 나타난다.

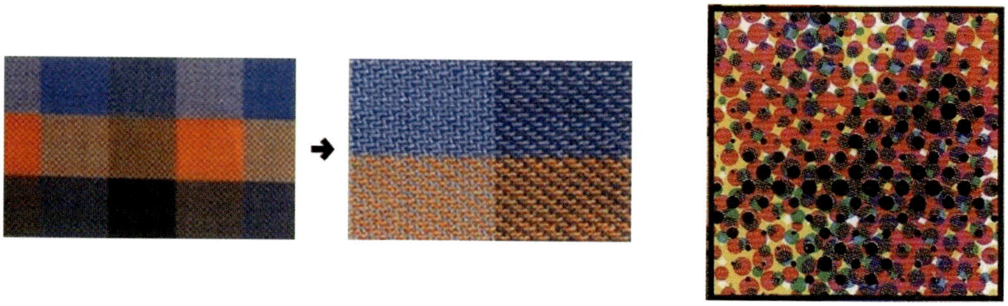

그림 2-35 병치혼색

〈조르주 쇠라- 그 랑드 자트 섬의 일요일 오후〉

그림 2-36 19C 신인상파의 점묘화

6 색의 대비현상과 동화

색상 대비(Color Contrast)란 보고 있는 색이 배경과 주위에 있는 색의 영향으로 색의 성질이 변화하는 현상으로 어떤 색이 인접한 색, 혹은 배경색의 영향이나 원래의 색에 영향을 미쳐 실제와는 다른 색으로 느끼게 되는 현상을 말하는데 색의 세 가지 속성 중 어느 속성에서 그 현상이 현저한가에 따라서 명도대비, 채도대비, 색상대비, 보색대비, 면적대비, 한난대비, 연변대비 현상 등이 나타난다.

대비현상은 망막에서 일어나는 생리적인 현상과 뇌에 전달되는 신경 과정에 기인해서 일어나는 결과로 시간적 간격을 두고 나타나는 계시대비와 두 가지 이상의 색을 동시에 볼 때 나타나는 동시대비로 나눌 수 있다.

우리가 색을 볼 때 유의할 점은 주위의 색채 자극, 광선의 조건, 시간적 조건, 심리적이나 생리적인 조건에 따라서도 많은 차이가 생기게 된다. 정확히 색채를 보기 위해서는 보고자 하는 색에서 눈을 떼었다가 다시 보고, 색을 볼 때 5~6분 이상 보지 않으며 보색을 잠시 보거나 혹은 눈을 잠시 감았다가 다시 관찰하고, 조도는 250룩스 이상에서 보는 것이 바람직하다.

1) 동시대비(Contrast of Simultaneous)

2가지 이상의 색상을 시간적 간격이 없이 동시에 볼 때 나타나며 색의 3속성 차이에서 일어나는 현상으로 객관적으로 존재하는 것이 아닌 인간의 눈 속에만 존재하여 생생한 감정을 불러일으키며 순간적인 눈의 운동에 의하여 서로 비교함으로서 일어나는 색채대비 현상이다.

(1) 색상대비(Color Contrast)

색상이 다른 두 색을 동시에 이웃하여 놓았을 때 두 색이 서로의 영향으로 색상 차가 나는 현상으로 원래의 색보다 차이가 더욱 크게 느껴지는 것을 말한다. 서로 다른 색끼리 배색되었을 때 각 색상은 색상환 둘레에서 반대방향으로 기울어져 보이게 된다. 예를 들어 주황색 배경의 빨강배경과 노랑배경에 놓았을 때보다 빨강바탕 위의 주황은 노랑기미를 띠고, 노랑 바탕 위의 주황은 빨강기미를 띤다. 색상대비는 1차 색끼리 잘 일어나며, 2차색과 3차색이 될수록 그 대비 효과는 적게 나타난다.

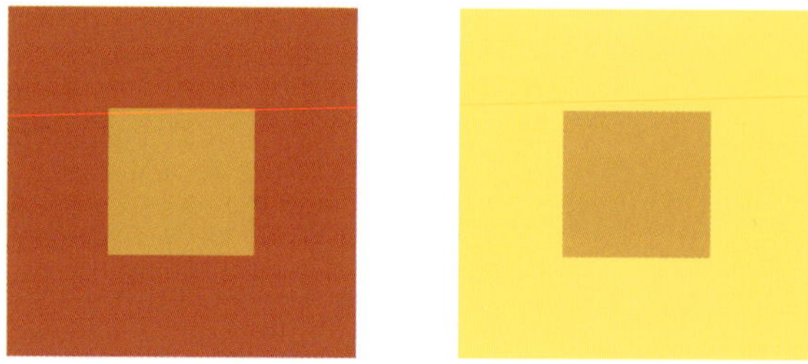

그림 2-37 색상대비

(2) 명도대비(Luminosity Contrast)

서로 다른 두 명도의 색이 인접했을 때, 밝은 색은 더 밝게, 어두운 색은 더 어둡게 지각되는 현상이다. 명도가 다른 2가지의 색을 대비시키면 명도 차이가 커 보인다. 어두운 색을 볼 때는 망막의 흥분이 약하므로 피로가 적고, 밝은 색은 반대 현상이 나타난다. 어두운 색 다음에 보는 밝은 색이나 어두운 색 속의 작은 밝은 색은 더욱 밝게 보인다.

그림 2-38 명도대비

단계적으로 균일하게 채색된 색의 경계부분에서 일어나는 연변대비와는 다르게 전체적인 색에서 대비효과가 느껴진다. 명도대비에는 색 확장 효과와 수축색 효과가 더불어 나타나는데, 이것은 고명도이거나 난색 계열의 색은 더 크게 보이고, 저명도이거나 한색 계열의 색은 수축되어 보이는 현상이다.

하만 그리드현상은 흰색 격자무늬가 교차되는 부분은 다른 부위에 비해 검게 보인다. 이는 흰색 격자의 교차부분이 검은 면과 닿아있지 않아 경계성이 떨어지면서 우리 눈이 해당부위의 광수용기를 억제하기 때문이다.

그림 2-39 하만 그리드

(3) 채도대비(Chromatic Contrast)

서로 다른 두 색을 인접시켰을 때 서로의 영향을 받아 채도가 높은 색은 더욱 높아 보이고 채도가 낮은 색은 더욱 낮아 보이는 현상이다. 이는 인접하는 색과 서로 작용하여 채도의 변화를 일으키는 현상을 말한다. 어떤 색을 높은 채도의 색에 대비하면 그 색의 채도는 낮아 보이고, 낮은 채도의 색에 대비하면 상대적으로 채도가 높아 보인다. 채도가 다른 2가지의 색을 대비시키면 채도 차이가 더 커 보인다.

빨간색과 보라색을 나란히 놓으면 빨간색은 더욱 선명하게 보이고, 보라색은 더욱 탁하게 보인다. 채도가 높은 색 중앙에 채도가 낮은 색은 채도가 낮은 것으로 보이고, 채도가 낮은 색 중앙에 높은 채도의 색은 채도가 높아져 보이며, 무채색 위에 둔 유채색은 훨씬 맑은 색으로 채도가 높아져 보인다.

그림 2-40 채도대비

(4) 보색대비(Contrast of Additive Complementary Color)

보색끼리 대비시키면 2가지의 색의 채도가 높아진다. 보색은 올바른 비례로 상용하면 정적이고, 안정된 영상효과를 가져온다. 색료의 경우 두색의 혼합 시에 회색이나 흑색이 되는 경우를 보색이라 한다. 보색끼리의 색상을 대비시키면 두색 사이의 성질이 한층 강하게 지각되어 상대의 색을 더욱 강하게 인지되도록 해주어 화려한 배색의 효과를 줄 수 있다.

그림 2-41 보색대비

(5) 면적대비(Area Contrast)

면적이 크고 작은 것에 따라 색이 다르게 보이는 현상으로, 비례대비라고도 하는데 같은 색이라고 해도 면적이 클수록 명도와 채도가 높아지고, 면적이 작을수록 명도와 채도가 감소되어 보인다. 동일 계통의 색이라도 면적에 따라서 색이 달라져 보인다. 동일한 색에 대해서, 면적의 차이에 따라 명도와 채도가 다르게 보인다. 관측되는 색의 면적이 클수록 채도와 명도가 높아 보인다. 벽면 페인팅이나 건물 외관 색채계획 시에 주요하게 고려하는 사항 중 하나이다. 때문에 큰 면적을 채색 할 경우 주의해야 한다.

그림 2-42 면적대비

(6) 연변대비

2가지 색의 경계선 근처에 일어나고, 색의 배색에서 많이 볼 수 있는데 같은 색이라고 해도 밝은 색과 인접해 있는 부분이 어두워 보이고 어두운색과 인접해 있는 부분이 유독 밝게 보이는 대비현상이다. 다른 말로 양적대비라고도 한다.

무채색을 명도단계별로 나란히 병치시키면 명도가 높은 색과 접한 면은 어둡게 보이고 낮은 면과 접한 면은 밝게 보인다. 명도의 연변대비는 명암의 경계부분에서 강하게 나타난다. 인접한 다른 색과의 경계가 뚜렷해 보이는 현상이다. 예를 들어 명도1과 명도5의 색이 나란히 있으면, 명도5의 경계 부분은 더 밝아 보이고, 명도 1의 경계 부분은 더 어두워 보인다.

그림 2-43 **연변대비**

2) 계시대비(Contrast of Successive)

어떤 색을 보다가 다른 색을 보았을때 먼저 본 색이 달라져 보임, 2개의 다른 자극이 동시에 일어날 때 일어나는 감각의 강조작용으로 계속자극이 이어지는 대비를 계시대비라 한다.

처음 밝은 색광이 망막의 자극으로 아직 소멸되기 전에 다음 자극이 연속적으로 나타날 때 일어나는 현상이다. 특정한 색을 관찰하다가 다른 색을 보면, 먼저 관찰한 색의 보색이 다른 색에 겹쳐 보이는 현상이다.

헤링의 색채대립이론에서 각 광수용기는 특정 색과 보색 되는 색 두 가지를 관찰할수 있는데, 붉은 색을 보면 보색인 녹색에 대한 자극도 동시에 받게 된다. 때문에 위의 이미지에서 붉은색의 보색은 녹색이므로, 붉은 색을 관찰하다가 다른 색을 보면 보색인 녹색의 잔상이 겹쳐 보이게 된다.

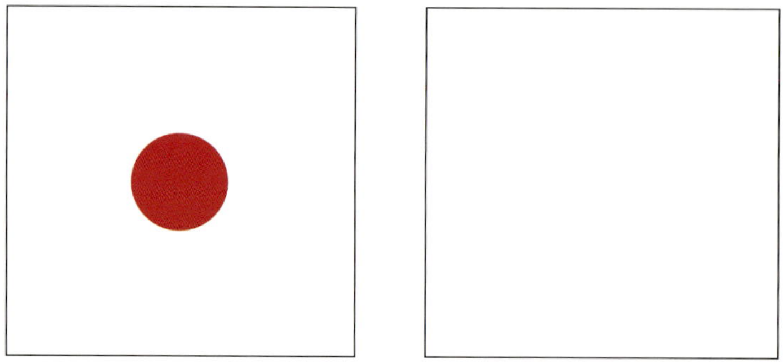

그림 2-44 계시 대비

(1) 색의 잔상(After Image)

잔상이란 빛의 자극을 제거한 뒤에도 시각기관에 어떤 흥분상태가 계속되어 시각 작용이 잠시 남아있는 현상으로 색을 본 후 시선을 딴 곳으로 돌리거나 눈을 감아도 그 전의 색 자극으로 인해 그 전의 색상이나 형태가 느껴지는 경험을 일상에서 흔히 할 수 있다. 이를 잔상이라 하고 이 그 종류는 크게 정의잔상(Positive After Image)과 부의잔상(Negative After Image)으로 나눌 수 있다.

정의잔상은 적극적 잔상, 양성적 잔상, 등색잔상이라고도 하며 자극이 사라진 뒤에도 망막의 흥분상태가 계속적으로 남아 있어 본래의 자극광과 동일한 밝기와 색을 그대로 느끼는 현상이다. 부의잔상은 소극적 잔상, 음성적 잔상이라고도 하는데, 일반적으로 가장 많이 느끼는 잔상으로 자극이 사라진 뒤에 광자극의 색상, 명도, 채도가 정반대로 느껴지는 현상이다. 책을 열심히 보고 있다가 시선을 돌리면 검정색 활자가 흰색 활자로 나타나 보이는 경험이 있을 것이다. 이처럼 원래 보았던 색과 반대의 색이 느껴지는 잔상이다.

보색잔상도 부의 잔상의 일종인데 유채색을 지속적으로 응시할 때 색채 순응이 일어날 때, 보던 색의 반대색을 순간적으로 경험하는 경우와 원색을 보다가 백색면으로 눈을 돌리면 원색의 보색이 보이는 현상 등이 이에 속한다. 병원의 의사 수술복 등이 부의잔상으로 발생 할 위험을 방지할 목적으로 고안 된 수술복 색상이다.

3) 색의 동화(Color Assimilation)

색은 주위의 영향으로 비슷하게 보이는데 이런 현상을 동화효과라 한다. 대비 현상과 반대의 현상으로 둘러싸인 면적이 작거나 색상이 주위의 색상과 비슷할 때 나타나는데 복잡하고 섬세한 무늬에서 나타나고, 어두운 색보다 밝은 색에서 더욱 심하게 나타난다. 동화를 일으키기 위해서는 색의 영역이 하나로 종합되는 것이 필요하다.

(1) 명도의 동화

배경색과 문양이 서로 혼합되어 주로 명도의 변화가 보이는 동화현상이며, 회색 배경에 흰색 선과 검정 선이 표시된 경우, 가는 흰색 선부분의 배경색은 동화가 일어나 본래의 회색보다 밝게 보인다. 반면 가는 검정 선부분의 배경은 원래의 회색보다 어둡게 보인다.

(2) 색상의 동화

유사하거나 또는 차이가 많은 색상에 자극을 주어 배경색을 동화시키는 방법이다. 같은 문양을 빨강, 파랑으로 하여 보라색의 배경 위에 배치할 경우, 빨강 문양은 배경색 보라가 빨강선과 동화되어 빨강 띤 보라색으로 보인다. 반면 문양이 파랑인 경우의 배경색 보라는 문양색과 동화되어 파랑 띤 보라색으로 보인다.

(3) 채도의 동화

같은 배경의 색이라도 그 위에 삽입 된 색의 영향으로 색 전체의 색조 뿐 아니라 원래의 배경색의 속성이 다르게 보이는 현상이다. 배경색이 중채도의 파랑이고 문양색은 고채도의 파랑일 경우, 배경색에 파랑선이 겹쳐지므로 원래의 배경색보다 파랑의 선명함이 더해 채도가 높아 보인다. 문양 선이 회색인 경우 배경색의 파랑은 회색과 동화되어 채도가 낮게 보인다.

(4) 베졸드 동화효과(Bezold Effect)

하나의 색만 변화시켜도 양탄자 디자인의 전체 색조를 변화시킬 수 있다는 것을 발견했다. 동화효과의 일종으로 면적이 작거나 무늬가 가늘 경우에 생기는 효과 배경과 줄무늬의 색이 비슷할수록 효과가 크다. 옷의 경우 무늬가 작은 패턴을 입은 사람을 먼발치서 봤을 때 배경의 색과 패턴의 색이 혼합되어 보여 고유의 색을 착각하게 된다. 회색바탕에 검정 선을 그리면 바탕의 회색은 더 어둡게 보이고 흰색 선을 그리면 바탕의 회색이 더 밝아 보이게 된다. 바탕에 비해 도형이 작고 선이 가늘고 그 간격이 좁을수록 더 효과가 크게 나타나고 배경색과 도형의 색의 명도와 색상차이가 작을수록 효과가 현저히 줄어든다.

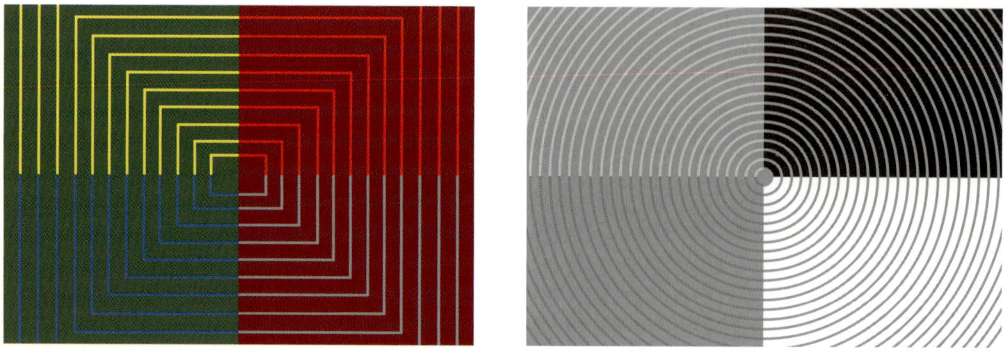

그림 2-45 색의 동화현상

4) 색의 감정효과

(1) 진출과 후퇴

색에 따라 가깝게 혹은 멀게 느껴지는 색이 따로 있다. 하얀색 쪽은 튀어나와 보이고 검은색 쪽은 안으로 들어간 느낌이 강하게 느껴진다. 그런 색의 감정효과를 색의 진출성과 후퇴성이라 한다. 진출색, 즉 앞으로 튀어나와 보이는 색은 난색계, 고명도, 고채도의 유채색 등 이고 색에 의해서 실제 거리보다 멀리 있는 것처럼 느껴지는 혹은 뒤로 물러나 들어가 보이는 후퇴색은 한색계, 저명도 저채도의 등의 어두운 색이 이에 속한다. 청록, 파랑, 남색, 검정 등은 뒤로 들어가 보이는 색상이다.

또한 난색, 한색 뿐 아니라 채도나 명도에 따라서도 거리감을 나타낼 수도 있다. 일반적으로 진출색은 팽창색이고 후퇴색은 수축색이다.

그림 2-46 색의 진출과 후퇴

(2) 팽창과 수축

고명도 고채도의 색은 진출되어 보이기도 하지만 팽창되어 보이는 느낌을 준다. 반면 저명도 저채도의 색은 후퇴, 수축하는 느낌을 준다. 난색계통의 밝은 색 옷은 살이 쪄 보이고 팽창색에 속하며, 한색계통의 명도가 낮은 색의 옷을 입으면 좀 더 말라 보이는 수축색에 포함된다.

같은 모양 같은 크기라도 색에 따라서 크게 보이기도 하고 작게 보이기도 한다. 이와 같은 지각현상을 팽창색이라든가 수축색이라고 부르고 있다. 팽창색은 실제 크기보다 팽창되어 커 보이는 색을 말하며, 수축색은 실제크기보다 작게 보이는 색을 말한다. 밝은 색일수록 팽창성이 있고, 어두운 색일수록 수축성이 있다.

그림 2-47 색의 팽창과 수축

(3) 명시성(시인성)

두 색을 서로 대비시켰을 때 멀리서도 확실히 보이는 색의 성질을 의미한다. 색이 함께 쓰이는 경우가 많기 때문에 명시성은 많은 곳에서 활용되고 있고 이것 또한 바탕이 무슨 색을 이루냐에 따라 차이가 크지만 명도와 채도의 차이가 많이 날 때 더욱 뚜렷이 나타난다. 또한 우리는 이 명시성을 잘 활용하는 것이 중요하다.

주위의 색이 회색인 경우 노랑색이 가장 명시성이 높은 것을 볼 수 있다. 건물, 도로 등 회색이 많은 도시의 환경 속에서 어린이들의 모자, 비옷 등을 노랑으로 하는 이유를 알 수 있다. 반면 군복의 경우 적의 눈에 띄면 안 되는 특성으로 주변의 환경과 대비되지 않도록 환경색과 같이 풀색, 흙색으로 명시성을 낮춘 사례이다.

흰색이 바탕색이나 배경색일 경우 검정, 보라, 파랑, 청록, 빨강, 노랑 순으로 명시도가 낮아지는데, 대부분 명도와 채도의 차이가 많이 날 때 명시도가 높아지게 된다.

검정이 바탕일 경우는 노랑, 주황, 빨강, 녹색, 파랑 순이며 대부분 고채도이며 난색계통인 색이 명시도가 높다. 명시도가 가장 높은 배색은 검정과 노랑의 배색으로 노랑은 유채색 중에서 명도와 채도가 가장 높은 색이기 때문에 흰색보다 명시도가 높아지게 된다.

(4) 주목성

사람의 시선을 끄는 색의 특성으로 특히 빨강, 주황, 노랑과 같이 고명도, 고채도의 색이 주목성이 높으며 난색계통이 더 효과가 크다. 레드카펫 위의 배우들은 평소의 모습보다 한층 더 돋보이며 어린이 보호차량, 위험이 되는 물건 등은 색의 주목성을 활용한 사례들이다.

그림 2-48 색의 시인성

표 2-3 배경색에 따른 시인성

배경 \ 순위	1	2	3	4	5	6
흰색	초록	빨강	파랑	보라	주황	노랑
회색	노랑	주황	빨강	초록	파랑	보라
검정	노랑	주황	초록	파랑	빨강	보라

그림 2-49 색의 시인성과 주목성

03

색채 심리효과

1 색의 연상과 이미지

색은 우리 생활에 있어서 시각의 기본적인 특징 중의 하나이다. 어떤 색채를 보았을 때 사람들은 제각기 그 색에 관한 특정 인상, 즉 연상되는 이미지를 생각한다. 이와 같이 색을 대할 때 그와 관계되는 이미지, 사물, 분위기 등을 생각해 내는 것을 색의 연상이라 한다.

연상은 구체적인 연상과 상징적인 연상이 있는데 개인적인 요소에 의해서 많이 좌우되나 시대, 환경에 따라 끊임없이 변화되어 점차 사회적으로 정착됨에 따라 일종의 상징적인 이미지를 갖게 된다.

색채에 대한 이미지 연상은 연령, 계절, 환경, 지역, 관습, 민족에 따라 다르게 나타나며 그 영역 또한 폭 넓게 사용하고 있다. 색의 연상 작용은 신체적 반응과 심리적인 활동과도 관계가 있다. 그 치료 효과는 임상적인 성과를 통해서도 알 수 있는데 색의 물리적인 작용을 통하여 색이 사람들의 생리적인 반응에까지 관여한다는 것을 보여 줄 수 있다.

색의 연상은 사실적 연상과 추상적 연상으로 구분하지만 개임별로 주관적인 요소가 많기 때문에 정형화 하기는 곤란하다.

2 색의 공감각

시각, 미각, 청각, 후각, 촉각과 같은 종류의 감각과 그 원인이 되는 물리적 자극 사이에는 1대 1의 대응이 있는데, 때로는 색을 보고 향기와 맛, 음과 촉감 등을 느낄 때도 있다. 이와 같이 색이 다른 감각의 느낌을 수반하는 것을 색의 수반감정(concomitant sensation)이라고 하며, 이를 색의 공감각(synesthesia)이라고 한다.

1) 색향

① 자극성이 있는 톡 쏘는 듯한 냄새 : 주황
② 짙은 향기를 느끼게 하는 냄새 : 녹색
③ 은은한 향기기 나는 냄새 : 보라, 연보라, 자색, 연자색
④ 좋은 냄새 : 맑고 순수한 색들로서 주로 고명도의 색
⑤ 나쁜냄새 : 색이 어둡고 흐린 무채색
⑥ 짙은 맛과 냄새 : 브라운, 커피색

2) 색미

① 단맛 : 빨강에 오렌지
빨강에 노랑 배색 오렌지(빨간 사과, 딸기 등의 과일)
난색계열

② 달콤한 맛 : 분홍색

③ 신맛 : 녹황색에 황록의 배색
노란색에 녹색배색(덜 익은 사과)

④ 쓴맛 : 갈색, 올리브색, 자색, 청색, 검정, 올리브색

⑤ 짠맛 : 연한 녹색과 회색
연한 청색과 회색의 배색, 흰색(소금)

3) 색청

① 표준음계 : 그라데이션의 인상을 도레미파솔라시도의 음계에 결합

② 높은음 : 밝고 강한 채도의 색

③ 낮은음 : 어두운 색

④ 예리한 음 : 에메랄드 녹색, 순색에 가까운 밝고 선명한 색

⑤ 탁음 : 둔한 색, 회색에 가까운 색

⑥ 마찰음 : 회색에 가까운 색, 거칠게 칠한 색

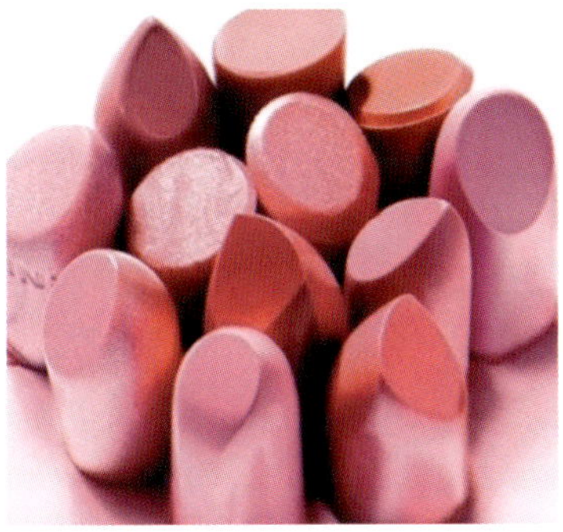

4) 촉감

① 광택감 : 밝은 톤(광택이 있고 미끄러운 느낌)-고명도의 강한 채도의 색
② 윤택감 : 짙은 톤(촉촉이 젖어 있는 느낌)-포도주색, 올리브색, 코코아색
③ 경질감 : 딱딱하고 찬 느낌, 은회색, 싸늘한 느낌으로 딱딱하게 느껴지는 한색 계열의 회색기미
④ 조면감 : 거칠한 느낌으로 어두운 회색 톤
⑤ 유연감 : 부드러운 느낌으로 따뜻하고 가벼운 톤
⑥ 점착감 : 끈끈한 느낌으로 짙은 중성난색, 올리브 계통색

3 색과 감각

1) 온도감

색에 따라 온도감을 느낄 수 있다. 적색계열은 따뜻한 느낌을 주고 청색계열은 찬 느낌을 주며 채도에 따라 색상의 온도감이 달라진다. 일반적으로 고명도는 차갑게 저명도는 따뜻하게 느껴진다.

① 따뜻한 느낌 : 빨강, 주황, 노랑 등의 난색계열
② 차가운 느낌 : 청록, 청, 청자, 남색의 한색계열
③ 중간 느낌 : 연두, 녹색, 자주, 황록 등의 중간계열

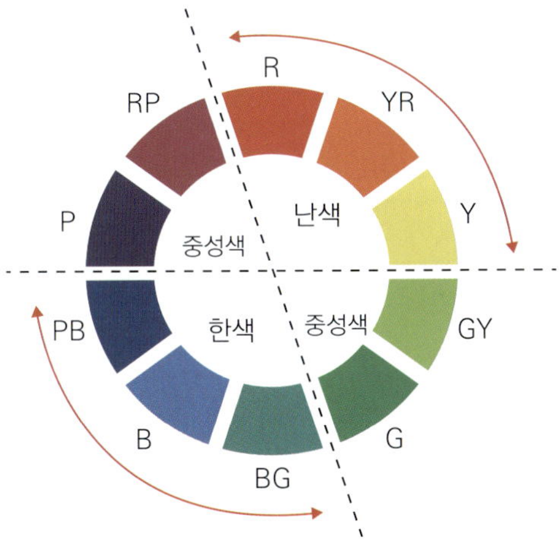

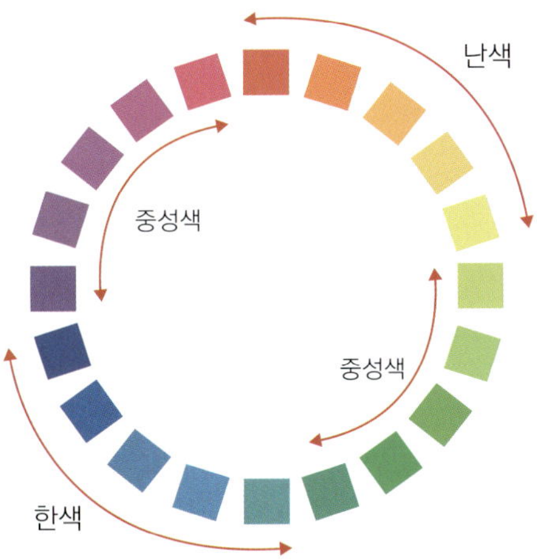

그림 3-2 색의 온도감

2) 중량감

색은 가볍게 보이는 색과 무겁게 보이는 색이 있는데 이것을 색의 중량감 또는 무게감이라 한다. 색채의 무게감은 명도에 따라 좌우되며 우리가 일상생활에 사용하는 무거운 도구들도 고명도의 색으로 칠을 하면 심리적으로 무겁다는 인상을 덜 받게 된다.

① 가벼운 느낌 : 연분홍, 살색, 레몬색, 상아색 등의 고명도

② 무거운 느낌 : 밤색, 흑갈색, 군청색, 남색 등의 저명도

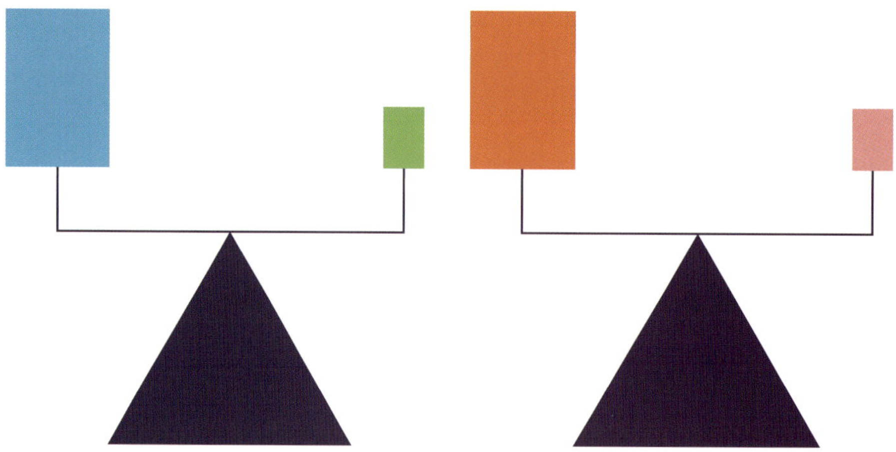

그림 3-3 색의 중량감

3) 정서와 감정

색상에 따라 보는 사람의 정서에 흥분과 진정작용을 하는데 주로 색상이 관계되며, 색의 면적에 따라 그 효과는 변한다. 난색계인 적자색, 빨강색, 오렌지 등은 흥분효과, 한색계인 파랑색, 청록색, 청자색은 진정효과가 있어서 정신질환자의 치료에 이러한 색채요법을 이용하여 효과를 거두고 있다.

색의 세가지 속성 중 색상에 의하여 주로 영향을 받는 감정적인 효과 중에 흥분과 진정이 있다. 난색계열의 고채도 색인 경우 심리적으로 흥분감을 유도하며, 한색계열의 저채도 색인 경우 심리적으로 진정되는 느낌을 주게 된다. 여기서 진정이란 심리적으로 마음이 가라앉는다는 뜻이다.

흥분

진정과 흥분

진정

그림 3-4 흥분과 진정

4) 시간의 장단

동일한 시간도 공간의 배색 여하에 따라 길게도 혹은 짧게도 느낄 수 있다. 색의 자극이 강하면 시간이 길게 느껴지며, 색의 자극이 약하면 시간이 짧게 느껴진다. 색채의 시간성과 속도감은 색상과 채도가 주로 관계한다. 파장이 긴 적색은 시간이 길게 속도는 빨리 움직이는 것 같고, 파장이 짧은 청색계열은 시간이 짧게, 속도는 느리게 움직이는 것 같이 지각된다.

그림 3-5 시간의 장단

5) 경연감

색의 경연감은 채도와 명도 및 톤과 밀접한 관계가 있다. 고명도, 저채도의 색은 부드러운 느낌이 나며, 중명도 이하의 색, 고채도의 색은 딱딱한 느낌을 준다.

톤(Tone)으로 표현되는 pale, light, dull, light greyish 등이 부드럽고 strong, deep, 한색계통의 greyish 톤은 딱딱한 느낌을 나타내게 된다. 즉 파스텔조(pastel basis)의 tone과 난색계열은 부드럽게 느껴지는데 비해 순색(pure color)이나 짙은 tone, 한색계통은 딱딱한 느낌을 주는 경향이 있으나, 색채의 경연감에 주된 영향을 미치는 것은 채도이다.

그림 3-6 색의 경연감

6) 진출과 후퇴

같은 거리에 놓인 색 중에 가까이 있는 것처럼 느껴지는 진출색과 멀리 있는 것처럼 느껴지는 후퇴색이 있다.

일반적으로 진출색은 팽창색이고 후퇴색은 수축색이다.

진출색은 따뜻한 색, 고명도 색, 고채도 색, 유채색으로, 후퇴색은 차가운 색, 저명도 색, 저채도 색, 무채색으로 분류된다.

그림 3-7 색의 진출과 후퇴

04

색채배색

1 배색의 기초

색은 사물이나 사람, 환경 등에서 사용하는 목적이나 기능에 적합하게 이용될 때 미적 효과를 높일 수 있다. 특히 두 가지 이상의 색이 어우러져 한 가지 색에서 나타낼 수 없는 새로운 느낌을 줄 수 있는 색채조화는 색의 질서와 통일감, 다양성을 부여하여 아름다운 이미지로 조화를 이루는 것이다. 또한 반대적 요소에 의해 모순이나 충돌을 일으키지 않고 자연스럽게 어우러져 색의 변화와 균형을 이룰 수 있다.

이와 같이 목적과 기능에 적합한 미적효과를 얻기 위하여 두 가지 이상의 색을 섞어서 한 가지 색만으로는 만들어낼 수 없는 색채의 심리적, 생리적 효과를 만들어내고자 색채를 배치하는 것을 배색(color combination, color design)이라고 한다.

배색을 할 때에는 디자인의 목적에 적합하고 색의 아름다운 조화를 이루기 위해 색의 3요소와 기타 다른 성질들을 고려하여 색채를 전개할 필요가 있다.

2 색상을 기준으로 한 배색

색상을 기준으로 할 때 명도나 채도가 다르더라도 동일한 색상으로 조합하는 경우를 동일색상 배색이라 한다. 또한 색상환에서 가까운 위치에 있는 색의 조합을 유사색상 배색이라 하고 색상환에서 반대편 위치에 있는 색의 조합은 대조 혹은 대비 배색이라고 한다.

색상을 기준으로 배색을 적용할 때 색상차가 적을수록 시각적으로 친숙함을 느끼기 쉽고 색상차가 커짐에 따라 명료성이 높아진다.

1) 동일색상 배색

한 가지 색상으로 명도나 채도의 변화를 이용해서 색을 조합시키는 방법이다. 배색이미지는 부드럽고 온화한 느낌을 주며 전체적으로 공통성이 있어 융화감을 얻을 수 있는 배색이다.

2) 유사색상 배색

색상의 차이가 비슷하거나 인근에 있는 색상간의 배색으로 정적이면서 무난한 배색방법이다. 색감이 비슷한 유사색상 배색은 명도나 채도의 차이를 크게 두어 색의 변화를 줄 수 있다.

3) 대조색상 배색

색상환에서 마주보는 위치에 있는 색상간의 조합이기 때문에 배색 이미지는 뚜렷한 느낌을 줄 수 있지만 지나치게 강한 느낌을 줄 수 있다. 명도나 채도의 변화와 함께 면적량을 달리하여 강한 이미지를 연출할 수 있다.

3 배색기법

색의 아름다움을 나타내기 위해서는 실제로 한 가지 색만을 사용하는 경우는 드물고 여러 가지 색을 사용하는 경우가 많다. 배색의 기초에서 다룬 배색의 원리와 효과를 잘 이해하고 색의 기본적인 지식을 응용하여 구체적인 색채 활용과 함께 효과적인 배색이미지를 살펴볼 수 있다.

1) 도미넌트 배색(Harmony Dominant)

도미넌트란 지배적인, 우세한 등의 의미이며, 여러 색을 조합할 때 전체 이미지를 지배하고 있는 색의 공통된 요소로 배색 이미지의 통일감을 부여하는 것이다. 도미넌트 배색은 색상 도미넌트, 명도 도미넌트, 채도 도미넌트, 톤 도미넌트로 분류할 수 있다.

(1) 색상 도미넌트

동일한 색상 내에서 다양한 톤을 이용하여 배색하는 방법으로 전체 색의 이미지를 지배하는 공통된 색을 이용하여 배색 이미지에 통일감을 줄 수 있다.

(2) 명도 도미넌트

명도 차이를 크게 두지 않고 색상이나 채도차를 이용하여 배색하는 방법이다. 즉 전체 배색이미지를 고명도의 밝은 색으로 갖추거나 혹은 저명도의 어두운 색으로 지배하는 것을 말한다.

(3) 채도 도미넌트

동일한 채도 내에서 여러 가지 색을 선택할 때 색의 선명도를 이용해 전체를 지배시키는 방법이고 이 경우 각 색상이나 명도의 변화는 없다.

(4) 톤(tone) 도미넌트

전체 이미지를 통일하기 위해 색상은 자유롭게 선택하되 톤을 일치시켜 이미지의 공통성을 부여하는 배색기법이다.

2) 액센트(Accent) 배색

전체적으로 색의 이미지가 두드러지지 않거나 평범하여 단조롭기 쉬운 배색에서 대조색상을 이용해 일부분을 강조하여 시선을 집중시키는 배색기법이다. 이러한 액센트 배색은 색의 변화를 통해 긴장감을 주고 전체적인 색의 효과를 짜임새 있게 한다.

배색 전체의 토대가 되는 기조색을 고려하여 액센트 컬러를 선택하는 것이 좋으며, 이때 색상, 명도, 채도, 톤을 각각 대조적으로 조합하여 색의 강조점을 부여할 수 있다.

3) 세퍼레이션(Separation) 배색

두 가지 색 또는 여러 가지 색의 배색에서 색의 관계가 뚜렷하지 않거나 색의 대비가 지나치게 강할 때, 색상 간의 분리를 위해 또 다른 색을 삽입하는 배색방법이다. 세퍼레이션 배색은 두 가지 색상 사이에 삽입되는 세퍼레이션 컬러로 인해 색의 관계가 명확해지고 배색효과를 분명하게 할 수 있다. 예를 들면 색상이나 톤이 비슷한 배색의 경우, 접하는 두 색상 사이에 세퍼레이션 컬러를 삽입하여 명쾌한 색의 이미지를 부여할 수 있다. 또한 색상이나 톤의 차이가 큰 배색의 경우에는 그 관계를 약하게 하기 위해 세퍼레이션 컬러를 사용하기도 한다.

4) 레피티션(Repitition) 배색

두 가지 이상의 색을 이용하여 하나의 단위로 일정하게 반복시킴으로써 질서와 통일감을 부여하는 배색기법이다. 예를 들면 체크무늬처럼 두 다지 이상의 색을 하나의 단위로 되풀이하여 색의 변화를 일정한 질서에 기초한 것을 레퍼티션 배색이라고 한다.

5) 그라데이션(Gradation) 배색

색상 간, 또는 같은 색상 내에서 명도나 채도를 단계적으로 변화시키는 배색방법이다. 색이 점차적으로 자연스럽게 변화하는 느낌으로 인해 리듬감을 부여할 수 있다. 그라데이션 배색은 색상, 명도, 채도, 톤의 변화를 이용해 색의 변화를 줄 수 있다.

(1) 색상 그라데이션

색상차이를 이용한 배색방법으로 24색상환에서 1~3정도의 색상차이를 갖는 색상을 선택하여 나타낼 수 있다. 이 방법은 채도가 낮은 톤에서보다 채도가 높은 톤끼리 배색했을 때 색상 그라데이션의 효과를 나타낼 수 있다.

(2) 명도 그라데이션

색상과 채도가 동일한 색에서 명도의 차이를 이용해서 연속적으로 나열한 배색방법으로 명도 그라데이션은 입체감을 나타내는데 효과적이다.

(3) 채도 그라데이션

채도를 이용한 그라데이션 배색은 낮은 채도에서 높은 채도로 단계적인 차이를 통해 표현할 수 있다.

6) 톤온톤(Tone on Tone) 배색

톤을 겹친다는 의미의 톤온톤 배색은 동일한 색상 내에서 톤의 변화를 이용한 배색기법으로 색이 선명해 보이는 동시에 정돈된 이미지를 연출할 수 있다. 톤온톤 배색에서 색상은 동일하거나 유사한 범위 내에서 선택하고, 톤은 명도차이가 큰 대조 톤을 이용하면 보다 더 좋은 배색효과를 낼 수 있다.

7) 톤인톤(Tone in Tone) 배색

톤인톤 배색은 색상의 차이를 두면서 톤이 같거나 비슷한 색을 이용한 배색방법이다. 일반적으로 동일색, 유사색의 범위 내에서 색의 조화를 이루는 배색을 할 수 있으며, 특히 비슷한 톤끼리의 배색은 자연스럽고 부드러운 이미지를 연출할 수 있다.

8) 토널 배색(Tonal Coloring)

톤인톤 배색과 같은 종류로 명도와 채도가 낮은 톤을 이용하여 색의 조화를 이루는 배색방법이다. 특히 중명도, 중채도의 덜톤(dull tone)을 중심으로 한 토널배색은 색의 이미지가 강하지 않고 톤이 정리되어 점잖은 느낌을 주는 배색이다.

9) 카마유(Camaieu) 배색

카마유 배색은 동일한 색상에 가까운 색을 사용하여 한눈에 구별해 내기 힘든 색의 차이를 이용한 배색방법이다.

10) 포카마유(Faux Camaieu) 배색

포카마이유에서 포(Faux)는 거짓, 모조품이나 가짜란 의미로 거의 동일한 색상의 조합인 카마유 배색과는 달리 색상과 톤의 차이를 미묘하게 이용한 배색방법이다. 색의 변화가 적어 부드럽고 온화한 느낌을 줄 수 있다.

11) 콘트라스트(Contrast) 배색

서로 대비되는 요소들을 조화시키는 방법으로 보색, 준보색 등의 색상, 명도, 채도, 톤을 대조시켜 강한 대비를 이루어 얻을 수 있는 배색이다.

(1) 색상 콘트라스트

보색이나 혹은 대립하는 색상끼리의 배색으로 색상 차이가 많기 때문에 시각적으로 강렬한 이미지를 전달할 수 있다. 이러한 색상 콘트라스트는 색상의 면적을 달리하여 배색할 경우 시각적인 효과가 크다.

(2) 명도 콘트라스트

명도 차이가 큰 밝은 색과 어두운 색의 조합으로 예를 들면 무채색에서는 흰색과 검정색의 배색을 들 수 있고, 유채색에서는 페일톤(P : pale tone)과 다크(Dk : dark tone)의 배색으로 명도차이가 큰 배색으로 명쾌한 이미지를 표현하는 것이 가능하다.

(3) 채도 콘트라스트

선명한 색과 탁한 색의 채도차이가 큰 색의 조합이다. 예를 들면 비비드톤(V : vivid tone)의 선명한 붉은 색과 그레이쉬톤(Gr : Greyish tone)의 탁한 붉은 색의 조합으로 채도 차이가 큰 배색을 말한다.

(4) 톤 콘트라스트

명도차와 채도차를 이용한 톤 콘트라스트의 경우 비비드톤의 색상과 흰색이나 검정색의 조합 혹은 브라이트톤과 다크그레이쉬 톤으로 톤의 차이가 크게 배색될 경우 명쾌한 이미지를 표현하는 것이 가능하다. 명도와 채도의 관계를 톤으로 나타낼 수 있는 것처럼 명도 콘트라스트나 채도 콘트라스트 톤도 콘트라스트로 볼 수 있다.

05

색채계획

모든 사물을 볼 때 가장 먼저 인지되느 요소가 '색'으로서 가장 강력한 영향력을 지닌 커뮤니케이션 매체라고 할 수 있다. 효과적인 색채계획은 미적효과와 심리적효과를 도출하며 소비자의 욕구를 충족시키고 소비심리를 향상시키며 주변환경을 아름답게 변화시키는 힘을 발휘한다.

1 색채계획의 필요성

형태, 색채, 소재 등 디자인을 구성하는 요소들 중에서 '색채'는 가장 먼저 부각되고 중요하게 작용하여 이미지를 형성하는 기능을 수행하며 상품의 디자인이나 기능성의 심미적 향상을 부여하여 소비자의 구매력을 높이는 역할을 한다. 또한 '색채'는 패션, 메이크업, 헤어, 인테리어 디자인, 건축, 그래픽 디자인, 상품제작, 미술 등 일상생활에서 항상 우리와 함께 하면서 인간의 삶을 더욱 아름답고 즐겁게 하는 요소로서 이것은 색채 계획을 통해 구체화한다.

인체적 측면에서 색채표현은 신체의 장점이 부각되고 단점이 보완되며, 인간 내면의 심리상태를 외적으로 표현할 수 있는 중요한 역할을 담당한다. 또한 색채는 문화권, 개인, 시간, 목적에 따라 서로 다르게 인지되고 반응할 수 있으므로 단순하면서도 복잡한 영향을 미치며 조화로운 색채 계획은 색채조화의 이론적 기초를 바탕으로 구성적 미적 감성에 의한 창의성이 필요하다.

2 색채계획의 실제

1) 색채계획의 과정

특히 뷰티디자인에서의 색채계획은 설정한 주제에 관한 조사·분석이 실행된 후 이를 바탕으로 컨셉을 설정하여 색채를 선택하고 배색하는 컬러디자인을 통해 성공적으로 주제를 부각시킴으로써 사용자의 만족감과 쾌적성을 부여하여 성공적인 색채 활용이 이루어진다. 그러나 한 디자인에서 잘 이루어진 색채그룹이 다른 디자인에서도 효과적일 수는 없다. 이것은 컨셉과 테마에 따라서 사용자와 용도, 조화되는 색과 톤, 색의 명·채도의 범위 정도, 색채 대비 현상에 따른 효과, 도출하고자 의도하는 결과가 다르기 때문이다.

사전 조사 분석

· 계획의 대상, 목적, 용도, 주변 환경을 파악하여 조사·분석한다.
· 과거의 데이터에 의한 색채 사이클의 변화, 현재의 Color Trend, 경쟁 시장 실태조사

Color Design

· Color Concept 설정
· 컨셉에 맞는 컬러 제안- Color Palette제작
· Color Variation에 따른 여러 배색안 작성
· Color Simulation- 디자인화, 투시도, 컴퓨터 그래픽, 입체모형 등의 기법을 통한 완성형태 재현

Presentation

· 상품기획의 일부인 색채계획을 여러 종류의 Plan으로 의뢰자나 멤버에게 설명·승인을 얻는다.

색채 시공·생산, 관리

· 시험제작, 현장에서의 생산, 관리와 평가
· Feed back - 색채계획 관련정보를 정리하여 다음 기획에 반영

2) 색채 디자인 방법

색채계획을 전개시킬 때 주조 색상을 선택하고 명도와 채도만을 변화시키는 단색조의 색채계획이 있으며, 여러 가지 색상들이 배색 원리에 의해 디자인되는 경우가 있다. 이때 잘못된 색상 선택은 유사배색이나 보색배색의 관계를 모호하게 하며 무질서하고 비명료한 색채계획이 되므로 유의하여야 한다. 그러나 의도적으로 기본 배색원리에서 벗어난 색채 디자인을 하여 모호함과 개성을 강조하는 경우도 있다.

색채계획에서 색채 디자은의 방법은 동일색상 배색, 유사색상의 배색, 반대색상(보색 포함)의 배색, 동일색조(Tone)의 배색, 유사색조의 배색, 반대색조(대조톤)의 배색이 있다.

동일색상이나 유사색상 혹은 동일색조(Tone)나 유사 색조의 배색은 차분하고 안정되며 온화한 이미지를 준다. 반대색상의 배색(보색 포함)이나 반대색조의 배색은 명도와 채도 차이의 정도에 따라 다소의 차이는 있겠으나 대체로 강하고 두드러지며 동적인 이미지를 전달한다.

(1) 유사색상 배색의 색채 디자인

유사색상 배색의 색채 디자인은 색사의 차이보다 점진적인 명·채도의 변화에 의한 그라데이션으로 부드러운 조화와 안정감을 준다. 전체적으로 통일감을 주는 장점이 있으나 단조로움을 줄 수도 있으므로 명·채도차를 크게하여 단점을 보완하고 변화를 줄 수 있다.

아이섀도우, 립, 의상, 악세서리에 사용된 컬러는 유사색인 Red-Purple, Purple-Red를 주조색으로 하여 명·채도 차이로 변화를 줌으로써 강하면서도 통일성과 세련된 이미지의 토털코디네이션을 보여준다.

아이섀도우, 립, 의상, 악세서리에 사용된 컬러는 유사색인 Orange-Brown, Brown-Orange를 주조색으로 하여 명·채도 차이로 변화를 줌으로써 강하면서도 통일성과 세련된 이미지의 토털코디네이션을 보여준다.

(2) 보색 배색의 색채 디자인

보색 배색은 서로의 색에 영향을 주어 더욱 고채도의 선명한 색으로 보이도록 하는 효과를 발휘하며, 강한 색상 대비로서 강렬하고 화려하며 동적인 이미지를 준다. 보색은 색상환의 180°위치에 있는 색상으로서 예를 들어 Red: Blue Green, Yellow Red: Blue, Yellow: Purple Blue 등이다.

3 유행색

1) 유행색의 성립

유행색은 크게 두가지로 정의 할 수 있는데 하나는 유행예측색으로 색채전문기관들에 의해 유행할 것으로 예측되는 색이며, 다른 하나는 일정 계절이나 기간 동안 특별히 많은 사람들이 선호하여 착용하는 색을 의미한다.

본 시즌의 2년전에 국제 유행색 협회에서 유행색이 결정되고, 대략 18개월 전에 트렌드 컬러(Trend Color: 유행경향을 예측하여 제시한 색)가 결정·제시되며 패션이나 메이크업 분야에서는 사회·경제적 동향과 전 시즌의 판매 시장 동향도 고려하여 색채기획을 하게 된다.

2) 유행색과 패션 트랜드 정보기관

유행색은 1963년 각 국의 공적인 유행색 연구기관들이 구성되어 설립된 '인터컬러(Intercolor)', 즉 국제유행색협회에 의해서 선정된다. 인터컬러는 연 2회 유럽에서 개최되는데 각국의 전문가들이 모여 사회·문화적인 현상, 경제, 정치, 기술, 과학 분야의 분석을 통해 먼저 각국에서 예측하는 제안색을 소개하고 앞으로 유행할 색채 경향과 패션 선도적인 소비자의 라이프 스타일에 대한 의견 교환에 의해 각국 제안색의 공통점과 차이점을 검토한 후 2년 후의 세계적인 색채 경향을 S/S와 F/W의 두 분기로 분석·예측함으로서 해당 시즌의 인터컬러를 결정하여 패션,제품, 인테리어 전반에 관한 유행색 정보를 제공하게 된다.

특히 패션이나 메이크업은 유행색의 트랜드가 민감하게 받아들여지고 작용하는 분야이다.

24개월 전	18개월 전	12개월 전	6개월 전	본 시즌
국제유행색협회 인터컬러결정	패션컬러 및 패션트랜드	소재트랜드	디자이너 컬렉션과 어패럴 박람회	소비자 구입
일본 핀란드 영국 중국 이탈리아 독일 헝가리 한국 네덜란드 체코 스위스 프랑스 스페인 폴란드 불가리아 벨기에 루마니아 스위스 오스트리아	패션컬러 JAFCA (일본유행색협회) CAUS (미국유행색협회) ICA (미국, 독일, 프랑스, 네덜란드) Hue Point(미국) KOFCA (한국유행색협회)	소재정보(원사) Expofill(프랑스) Pitti Imagine Filati Filo (이탈리아)	디자이너 컬렉션 파리컬렉션 런던컬렉션 뉴욕컬렉션 밀라노컬렉션 동경컬렉션 마드리느(스페인) 알타모다(이탈리아)	
	패션트렌드 Here & There(미국) Pat Tunsky (미국) Nelly Rodi (프랑스) Carlin(프랑스) Percler(프랑스) Promostyl (프랑스)	소재 정보(원단) Interstoff World (독일) Premiere Vision (프랑스) Modain(이탈리아) Pre-Tex(이탈리아) Idea Como (이탈리아) Tokyo Pretex (일본) Kyoto Stoff(일본) Interstoff Asia (홍콩) 서울 Stoff(한국) 이데아 서울(한국	어패럴 박람회 IGEDO(독일) Magic Show(미국) Califonia Marketweek Buyer Fashion Show(미국) Interselection (프랑스) 홍콩패션위크 TFW(일본) 오사카세계 패션 박람회(일본)	
	소재정보 IWS(국제양모사무국) IIC(국제면화진흥회) CIM(프랑스모드 공업조합) IM(미국)			

06

패션 이미지별 컬러코디네이션

패션 이미지란 옷차림의 분위기 혹은 개성이라는 의미로 그것을 입는 사람의 취향과 미의식이 표현된 것이다. 따라서 의복 외에도 액세서리와 소품, 헤어스타일, 메이크업 등을 포함한 종합적인 이미지를 반영하게 되는데 이것이 실제 시각적으로 인식된다는 관점에서 볼 때 코디네이션에서 컬러는 매우 중요한 부분을 차지한다고 볼 수 있다.

1 클래식(Classic) 이미지

1) 패션 이미지

클래식 패션 이미지는 고전적, 전통적이란 의미로 유행에 좌우되지 않고 긴 시간 동안 애용되어 온 차림을 말한다.

안정감과 품위를 지향하는 패션 스타일에 의하여 연출되는 이미지로 테일러드 수트(Tailored Suit), 가디건 수트(Cardigan Suit) 등이 있고 일반적으로 클래식 이미지는 모든 사람들에게 무난하게 어울릴 수 있으며 특히 세련된 이미지의 사람에게 잘 어울린다.

2) 컬러 이미지

고전적이라든가 무척 고풍스럽다고 하는 바로 그 이미지이다. 단순히 오래되었다고 하는 것뿐만 아니고 과거에 완성되었다고 하는 의미가 있다. 깊이 있는 색, 어두운 색, 그레이쉬한 색을 각각에 고전적인 분위기가 있고 목적에 따라 배색의 중점을 변화시키면 좋을 것이다.

3) 헤어, 메이크업 코디법

헤어스타일은 성숙하면서도 고급스런 분위기로 표현하며 짧은 형태로는 스트레이트 단발머리 스타일인 보브 스타일이 어울린다. 메이크업은 흰 피부톤에 붉은 입술, 발그스름한 볼 표현기법이 대표적이다.

4R 2.5 / 6.0
C70M100Y50K10
R84G10B61

8YR 3.5 / 6.0
C50M70Y70K10
R127G83B70

5Y 4.0 / 5.5
C50M50Y70K20
R120G103B73

5B 2.5 / 4.5
C100M60Y30K20
G68B103

6RP 2.5 / 5.5
C60M90Y30K30
R85G34B71

4R 3.5 / 11.5
C10M100Y50K30
R137B55

5Y 6.0 / 10.5
C20M30Y100K20
R171G145

5B 3.0 / 8.0
C100M40Y10K30
G82B123

9PB 2.5 / 9.5
C90M80K30
R38G42B94

7P 2.5 / 9.5
C70M90Y30
R71G31B85

6RP 3.0 / 10.0
C50M100Y30K10
R114B73

8YR 5.5 / 6.5
C30M60Y70
R180G117B81

5Y 6.0 / 6.0
C40M40Y70
R167G146B93

5Y 7.5 / 2.0
C10M20Y30K10
R214G189B163

4R 4.0 / 2.0
C30M50Y30K30
R137G103B107

8YR 4.5 / 2.0
C30M30Y30K30
R141G129B123

N5.5
K50
R144G144B144

2 엘레강스(Elegance) 이미지

1) 패션 이미지

세련된, 우아한, 기품 있는 등의 의미로 패션에서는 성인 여성의 섬세하고 고상한 이미지를 가리킨다. 로맨틱이 소녀적인 감성을 표현하는 것이라면 엘레강스는 장식 대신 여성적인 곡선을 강조하는 절제된 디자인으로 성숙미와 고급스러움을 표현한다고 할 수 있다. 샤넬 수트, 크리스챤 디올의 뉴룩, 이브닝 드레스 등이 대표적 아이템이다.

2) 컬러 이미지

엘레강스와 우아함은 본래 동의어지만 전자는 서양풍, 후자는 동양풍이라고 하는 이미지가 있다. 채도가 높고 강렬한 색은 적합하지 않다. 보라 계열의 색이 옛날부터 엘레강스함을 표현하기 위해 사용되고 있다. 세련됨을 표현하기 위해 밝고 그레이쉬한 색도 효과적이다.

4R 7.0 / 8.0 M60Y30 R233G133B135	10R 7.5 / 8.0 M50Y40 R240G154B132	9PB 6.0 / 7.0 C50M40 R143G143B190	7P 6.0 / 7.0 C30M50 R182G139B180	6RP 6.5 / 7.5 M50Y10 R237G157B173	5B 5.5 / 8.5 C90M20Y10 G137B190	3PB 5.0 / 10.0 C80M40 R67G120B182	9PB 5.0 / 10.0 C70M60 R98G98B159
7P 5.0 / 10.0 C60M80 R116G66B131	9PB 3.5 / 11.5 C90M90 R54G38B112	7P 3.5 / 11.5 C80M100 R74B92	4R 4.5 / 6.5 C40M70Y50 R158G94B100	10R 5.0 / 6.5 C30M70Y60 R176G98B88	8YR 5.5 / 6.5 C30M60Y70 R180G117B81	5Y 6.0 / 6.0 C40M40Y70 R167G146B93	3GY 5.5 / 5.5 C50M20Y70 R149G169B103
7P 3.5 / 5.5 C70M70Y20 R100G82B127	6RP 4.0 / 6.0 C50M80Y30 R136G70B108	10R 7.0 / 2.0 C10M30Y20K10 R210G174B168	8YR 7.5 / 2.0 C10M30Y30K10 R211G173B154	9PB 6.5 / 2.0 C40M30Y10K10 R153G153B176	7P 6.5 / 2.0 C30M30Y10K10 R172G160B178	6RP 4.0 / 2.0 C50M60Y30K30 R106G81B97	N8.5 K10 R234G234B234

3) 헤어, 메이크업 코디

헤어는 업스타일로 볼과 어깨를 드러내거나 자연스런 웨이브로 드레시한 이미지를 연출한다. 메이크업의 주 컬러는 다크 계열로 성숙하고 우아한 이미지를 반영하며 피부톤은 밝은 핑크나 베이지, 눈썹은 아치형으로 여성스럽게, 입술은 다크 계열로 어덜트 감각의 여성미를 표현한다.

3 로맨틱(Romantic) 이미지

1) 패션 이미지

로맨틱 이미지는 꿈꾸는, 공상적, 낭만적인 의미로 귀엽고 사랑스런 소녀적 취향을 반영한다. 성인이 된 후에도 향수처럼 잊지 못하는 감성이 로맨틱으로 패션에서 기능성보다는 장식성이 더 강조된다. 따라서 프릴이나 리본 등의 장식적인 디테일과 레이스 직물이나 부드러운 질감의 소재, 꽃무늬와 같은 여성적인 패턴을 사용한다.

개더 스커트(Gather Skirt), 프릴 달린 블라우스, 슬립 원피스, 리본 장식 등이 대표적 아이템이다.

2) 컬러 이미지

현실적으로는 없는 꿈을 추구하는 모습을 나타낸다. 결코 나쁜이미지는 아니지만 생기발랄함의 또 다른 표현이라고 할 수 있다. 밝은 청색을 중심으로 생기 발랄함을 내기 위해 채도가 높은 색도 채용한다. 그다지 때 묻은 것을 느낄 수 없기 때문에 탁색은 사용하지 않는 편이 무난하다.

4R 8.0 / 3.5 M30Y10 R247G197B200	10R 8.0 / 3.5 M30Y20 R248G197B184	8YR 8.5 / 3.5 M20Y30 R253G214B179	5Y 9.0 / 3.0 Y30 R255G246B199	3GY 8.5 / 3.0 C10Y30 R240G241B198	7P 7.5 / 3.0 C20M20 R209G201B223	6RP 8.0 / 3.0 C10M30 R226G191B212	8YR 8.0 / 8.0 M30Y50 R250G193B134
5Y 8.5 / 7.5 M5Y50 R255G234B154	3GY 8.0 / 7.0 C30Y60 R198G218B135	3G 7.5 / 6.0 C50Y40 R150G200B172	6RP 6.5 / 7.5 M50Y10 R237G157B173	3G 6.5 / 9.0 C80Y70 R64G164B113	5BG 6.0 / 8.5 C90Y40 G157B165	9PB 5.0 / 10.0 C70M60 R98G98B159	6RP 5.5 / 10.5 C10M70Y10 R209G107B144

3) 헤어, 메이크업 코디법

롱 헤어 스타일이나 웨이브가 있는 헤어에 밴드 사용으로 귀여운 이미지를 표현하고 리본이나 핀으로 장식한다.

메이크업은 부드러운 파스텔톤의 연한 핑크색을 주색으로 소녀의 이미지를 표현, 피부는 밝은 핑크나 베이지로 연출하고 부드러운 아치형 눈썹에 옅은 핑크 립스틱과 립 글로스를 사용하여 사랑스럽게 코디한다.

4 에스닉(Ethnic) 이미지

1) 패션 이미지

에스닉 이미지란 민족적인, 이방인의 등의 의미로 패션에서는 도시문명과 반대되는 소박하고 전원적인 민족 문화를 도입한 자연의 온기가 느껴지는 스타일을 말한다.

그 예로서 한국, 중국, 일본, 인도 등의 동양문화, 아랍권의 중동 문화, 잉카문화와 아프리카 문화 등을 반영하며 대표적 아이템으로 차이니즈 드레스, 기모노, 사리 등 각국의 민속복과 나뭇잎, 조개, 동물뼈 등의 액세서리가 있다.

2) 컬러 이미지

에스닉이란 민족적인 요리를 연상시킬 정도로 미각적인 말로 사용되고 있다. 실제로는 민족의 풍습이나 습관이라는 의미이다. 그 민족에게 있어서는 보통 일이지만 다른 사람이 보면 이질적인 이미지가 된다. 이질적인 느낌을 내기 위해서 깊이가 있는 색을 주로 배색한다.

4R 3.5 / 11.5 C10M100Y50K30 R137B55	5Y 6.0 / 10.5 C20M30Y100K20 R171G145	3GY 5.0 / 9.5 C60M10Y100K20 R99G141B12	5B 3.0 / 8.0 C100M40Y10K30 G82B123	9PB 2.5 / 9.5 C90M80Y30 R38G42B94	6RP 3.0 / 10.0 C50M100Y30K10 R114B73	4R 8.0 / 3.5 M30Y10 R247G197B200	4R 2.5 / 6.0 C70M100Y50K10 R84G10B61
5Y 4.0 / 5.5 C50M50Y70K20 R120G103B73	3GY 3.5 / 5.0 C70M40Y70K30 R76G93B70	9PB 2.0 / 5.0 C100M100Y50K10 R30G17B60	7P 3.5 / 5.5 C70M70Y20 R100G82B127	6RP 4.0 / 6.0 C50M80Y30 R136G70B108			

3) 헤어, 메이크업 코디

앞머리 단발에 포니테일(Ponytail)로 묶거나 양 갈래로 묶는다. 의상과 매치되는 모자나 헤어밴드로 민속적인 이미지로 연출한다.

피부는 옐로우의 베이지난 다갈색의 피부톤, 눈썹은 자연스러운 아치형으로 하고 입술은 의상색 중에서 액센트 컬러를 이용하여 표현한다.

5 아방가르드(Avant-garde) 이미지

1) 패션 이미지

아방가르드는 불어로 군대의 전위 부대를 가리키나 유럽에서 일어난 혁신적인 예술운동의 총칭을 의미한다. 패션에서 아방가르드 이미지란 격식과 전통에 구애받지 않고 독창적이고 기발하며 유행의 첨단을 걷는 스타일을 말한다. 기존의 패션 개념을 거부하고 실험정신을 도입하여 시접선이 밖으로 나온 인사이드 아웃 룩, 속옷을 겉옷화 시킨 이너룩, 비치는 소재의 시스루 룩 등 이른바 펑크 감각과 해체주의적 경향이 강한 의복들이 대표적 예이다.

2) 컬러 이미지

전위적인 것을 의미하는데 제1차 세계대전 후의 다다이즘이나 슈르 레알리즘의 예술 활동을 가리키는 경우도 있다. 여기서는 추상(abstract)회화를 의식한 이미지로서 파악하고 있다. 원색적이면서 깨끗하고 산뜻한 느낌도 필요하기 때문에 맑은 색을 효과적으로 사용한다.

4R 4.5 / 14.0
M100Y70
R197B63

3G 5.5 / 11.0
C100Y90
G137B85

5BG 4.5 / 10.0
C100Y50
G143B147

3PB 3.5 / 11.5
C100M70
G70B139

5BG 8.0 / 3.0
C30Y10
R192G224B230

9PB 7.5 / 3.0
C30M20
R188G192B221

5Y 8.5 / 11.0
M5Y80
R225G229B78

6RP 5.5 / 10.5
C10M70Y10
R209G107B144

4R 3.5 / 11.5
C10M100Y50K30
R137B55

3G 4.0 / 8.5
C100M10Y70K20
G108B93

3PB 2.5 / 9.5
C100M60K30
G63B113

7P 2.5 / 9.5
C70M90K30
R71G31B85

N8.5
K10
R234G234B234

N9.5
R255G255B255

3) 헤어, 메이크업 코디

강하게 부풀어 올라간 헤어 스타일, 디스케넥션 헤어 컷, 과장된 뱅 등 실험적 의외성과 고정 관념을 깬 헤어스타일을 연출한다. 번들거리는 피부톤, 금속성 아이섀도, 블랙에 가까운 립 컬러 등 독창적이고 기묘하며 개인의 자유 의지를 반영하는 메이크업으로 표현한다.

6 스포티브(Sportive) 이미지

1) 패션 이미지

유희적인, 스포트를 좋아하는 등의 의미이다. 패션에서는 테니스, 골프, 스키 등 스포츠 웨어가 갖는 기능성과 편안함을 일반 의복에도 도입한 활동적이고 간편한 스타일을 가리킨다.

여가를 즐기는 라이프 스타일이 확산되면서 더욱 부각되는 이미지로 다운 파카, 등산복, 트레이닝 복 등이 기본 아이템이다.

2) 컬러 이미지

스포티한 이미지라고 하면 순색의 배색이 적합하다. 움직임이 있는 이미지이기 때문에 순색을 주축으로 해서 순색을 살릴 어두운 색을 사용한다. 건강한 분위기를 내기 위해서는 백색을 효과적으로 배색하면 좋을 것이다.

4R 4.5 / 14.0 M100Y70 R197B63	10R 5.5 / 14.0 M80Y100 R217G83B10	8YR 7.0 / 13.5 M50Y100 R236G152	5Y 8.0 / 13.0 M10Y100 R255G223	5BG 4.5 / 10.0 C100Y50 G143B147	5B 4.0 / 10.0 C100M40Y20 G108B154	3PB 3.5 / 11.5 C100M70 G70B139	9PB 3.5 / 11.5 C90M90 R54G38B112
5B 5.5 / 8.5 C90M20Y10 G137B190	5B 2.5 / 4.5 C100M60Y30K20 G68B103	3PB 2.0 / 5.0 C100M80Y40 R21G53B95	5BG 3.5 / 8.0 C100M40Y50 G103B119	3PB 2.5 / 9.5 C100M60K30 G63B113	N9.5 R255G255B255		

3) 헤어, 메이크업 코디

숏 커트나 짧은 헤어스타일로 건강하고 활동적인 이미지로 표현한다. 챙이 있는 스포츠 모자나 헤어 밴드로 활동적이고 쾌활하게 코디한다.

메이크업은 신선하고 투명감있는 이미지로 피부톤을 원래보다 조금 짙게 하여 건강미를 부각하고 눈썹은 약간 각지거나 수평선형으로, 입술은 강렬하게 립라인을 살려 표현한다.

7 매니쉬(Mannish) 이미지

1) 패션 이미지

매니쉬란 남성적이라는 의미로 패션에서는 여성적 차림에 남성적 요소를 부여하여 기존에 없던 새로운 여성미를 표현하는 스타일이다.

남성 테일러드 수트를 비롯하여 해군복인 마린룩과 육군복장인 밀리터리룩, 넥타이, 화이트 셔츠 등이 대표 아이템이며 활동성과 건강미를 포함한 자립심 강한 여성의 이미지 연출에 적합하다.

2) 컬러 이미지

물론 일반적인 이미지이지만 여성과는 반대되는 이미지로 되어 있다. 여성이 난색계인 것에 대해 남성은 한색계열의 색이 메인이 된다. 침착하고 어두운 색의 배색이 된다.

Munsell	CMYK	RGB
5Y 4.0 / 5.5	C50M50Y70K20	R120G103B73
3GY 3.5 / 5.0	C70M40Y70K30	R76G93B70
3G 3.0 / 4.5	C90M60Y70K20	R43G71B68
5BG 2.5 / 4.5	C100M60Y50K30	R59B77
5B 2.5 / 4.5	C100M60Y30K20	G68B103
3PB 2.0 / 5.0	C100M80Y40	R21G53B95
9PB 2.0 / 5.0	C100M100Y50K10	R30G17B60
5B 3.0 / 8.0	C100M40Y10K30	G82B123
3PB 2.5 / 9.5	C100M60K30	G63B113
8YR 4.5 / 2.0	C30M30Y30K30	R141G129B123
3PB 3.5 / 2.0	C70M50Y30K30	R75G84B104
N1.5	K100	
N3.5	K75	R81G81B81

3) 헤어, 메이크업 코디

짧고 깔끔한 헤어스타일과 진한 헤어컬러 능력있고 강한 여성이미지를 연출한다. 메이크업은 눈화장을 베이지 컬러로 표현하고 입술에 포인트를 준다. 눈썹은 갈매기형 또는 수평선형으로 나타내고 립 컬러는 와인이나 브라운 계열이 적합하다.

8 모던(Modern) 이미지

1) 패션 이미지

현대적인, 근대적인이란 의미로 패션에서는 여분의 장식을 생략한 날카롭고 세련된 감성을 표현한다. 미래에 대한 동경으로 이지적인 차가움과 합리성 추구를 지향하는 하이테크한 현대적 패션 감각으로 냉철한 도시이미지를 반영한다. 이를 위하여 무늬가 없는 무지 패턴이나 단순 명쾌한 직선과 곡선, 날카로운 절개선을 이용하는데 세련되고 성숙한 이미지에 적합한 패션 이미지이다.

2) 컬러 이미지

원래의 의미는 현대적이라든가 현대풍이지만 모던이라는 예술 운동의 양식에서 보면 근대적인 것이 되어버렸다. 여기서는 모던이라는 양식이 갖는 이미지로 한정하기 때문에 형대적이라는 이미지는 엳다고 할 수 있다. 무채색의 사용 방법이 포인트가 된다.

5BR 4.5 / 10.0	9PB 2.0 / 5.0	5B 8.0 / 3.0	6RP 8.0 / 3.0	5BG 4.5 / 5.0	5B 4.0 / 5.0	3PB 3.5 / 5.5	5B 6.5 / 6.0
C100Y50	C100M100Y50K10	C30	C10M30	C80M20Y40	C90M40Y30	C90M60Y30	C60Y10
G143B147	R30G17B60	R190G225B246	R226G191B212	R67G144B151	R38G111B145	R49G86B126	R117G193B221

9PB 6.0 / 7.0	N2.5	N8.5	N9.5
C50M40	K90	K10	
R143G143B190	R38G38B38	R234G234B234	R255G255B255

3) 헤어, 메이크업 코디

롱 헤어 보다는 숏 헤어 스타일로 부분 컬러링을 통해 개성을 부각시키고 무스나 젤로 현대의 도시감각적인 이미지를 표현한다.

메이크업은 청, 회색계를 주 컬러로 사용하여 차가운 느낌으로 연출한다. 눈썹은 갈매기형으로 입술은 펄이 많이 들어간 다크 계열로 도회적 이미지를 부각시킨다.

07

퍼스널컬러

1 컬러진단법

1) 컬러진단이란

사람은 색에 대해 좋아하고 싫어하는 감정이 정말 확실하다. 그 만큼, 시대와 함께 각각의 개성에 맞는 색의 제안이 정말 중요하다. 개성을 살려 그 사람을 보다 아름답게 보이기 위해서도 그 사람에게 맞는 색을 분별하지 않으면 안 된다.

퍼스널 컬러는 색채조화의 실천 활용학의 하나로, 일상생활 가운데 사람과 색과의 어울리는 색, 즉 그 사람이 제일 빛나는 색, 발랄하고 산뜻하게, 젊어 보이는 색, 피부색이 예쁘게 보이는 색 등 그 사람이 빛나는 색이 어울리는 색을 퍼스널 컬러라고 한다. 퍼스널컬러는 크게 따뜻한색 계열과 차가운색 계열의 2가지로 나뉘며 다시 계절에 따라 봄, 여름, 가을, 겨울의 4계절로 분류하게 된다.

2) 진단방법

사람은 개인마다 고유의 색을 가지고 있으며 본인의 얼굴에 맞는 색을 접하게 되면 얼굴색이 밝아져 젊어 보이며 건강하게 보이기까지 한다. 하지만 그 반대일 경우에는 얼굴색이 칙칙해 보이며 우울해 보이기도 한다. 이와 같이 자신에게 맞거나 맞지 않는 컬러를 안다는 것은 아주 중요하며 정확하고 이상적인 컬러진단을 위해 하루에 너무 많은 테스트는 피하는 것이 좋다.

- 화장을 하지 않고 맨 얼굴로 시작한다.
- 자연광이나 자연광과 비슷한 효과를 갖는 조명 아래 앉는다.
- 진단을 받는 사람 앞에 거울을 놓고 흰 천으로 머리와 의상색을 가려 준다.
- 봄, 여름, 가을, 겨울 색상의 천을 얼굴아래에 가져다 대면서 얼굴색의 변화를 관찰한다.
- 안색이나 컨디션이 좋지 않는 경우에는 실시하지 않는다.
- 한 사람을 진단 하는데 평균 2~4시간 가량 소요되기 때문에 여유를 갖고 천천히 테스트 하는 것이 좋다.

2 퍼스널컬러의 유형

1) 봄

봄 사람의 얼굴색은 누렇지만 투명한 피부, 따뜻한 갈색 눈동자와 머리카락으로 젊고 발랄한 이미지를 갖고 있다. 봄 사람에게는 어울리는 톤은 명도는 높고 채도는 낮은 밝고 생기 있는 톤(Pale light, bright)이며 색상은 따뜻한 색상으로 봄 타입의 사람은 상쾌하고 발랄하고 귀여운 매력이 있다. 선명하고, 투명한 노랑색의 베이스 색이 어울리며 액세서리는 반짝이는 금소재가 좋다.

2) 여름

여름사람의 얼굴색은 희고 붉은 톤이며 눈빛과 머리카락이 부드러운 검은 빛으로 청초하고 신선한, 차가운 이미지를 지니고 있다. 여름 사람에게 어울리는 톤은 명도는 높고 채도는 낮은 톤(Blight, Light Strong)이며, 모든 색에 흰색과 파랑 톤의 기운이 느껴진다.

여름타입의 사람은 조용한 성격의 소유자로 클래식한 느낌의 사람이 많으며 부드러움과 품위있는 느낌이 있다.

3) 가을

가을 사람의 얼굴색은 어두운 갈색피부와 따듯하고 부드러운 갈색 눈동자와 머리카락 색 전체적으로 친근감을 갖게 하는 이미지를 갖고 있다. 가을 사람에게 어울리는 톤은 명도와 채도가 낮은 진하고 탁한 톤(Smoky, Dull, Grayish)이며 모든 색에 노랑과 검정이 섞여 있는 부드러움, 따뜻함이 짙은 느낌이다.

4) 겨울

겨울 사람의 얼굴색은 희고 투명하거나, 희고 노란 기를 나타내는 피부, 선명한 검은 눈동자와 머리카락이 특징, 전반적으로 맑고 강한 이미지이므로 차게 느껴진다.

겨울 사람에게 어울리는 톤은 명도는 낮고 채도는 높은 톤이 어울리며 색상은 노랑 빛의 Yellow base와 흰색의 Blue base에 의하여 개인색은 봄, 여름, 가을, 겨울의 사계절의 이미지로 분류한다.

3 이미지 메이킹(Image Making)

이미지란 상(Image), 표상(Representation), 심상(Mental Imagery) 등의 뜻을 지니고 있다. 이는 각자의 사고방식이나 취향에 의해 만들어진 어떤 사람에 대한 생각의 덩어리, 특유한 감정, 고유한 느낌 이것이 바로 이미지라고 할 수 있다.

현대의 이미지의 시대라고 해도 과언이 아닐 만큼 우리는 이미지의 홍수 속에서 살아가고 있다. 태어나면서부터 죽을 때까지 자신의 이미지는 물론이고 타인의 이미지와 상품의 이미지, 감각의 이미지, 감정의 이미지 등으로 시작되고 끝이 난다고 해도 좋을 것이다. 우리의 이미지는 첫인상에서 결정되기 쉽고 그렇게 결정된 이미지를 바꾸기는 매우 어렵다. 이미지 메이킹이란 이렇게 중요한 자신의 이미지를 타인으로 하여금 좋은 이미지로 전달 할 수 있도록 만드는 것이다.

이미지는 형태, 재질감, 색상, 크기 등 여러 가지 요소로 구성 되어 있다. 한 심리학의 연구 보고에 의하면 사람이 사물을 볼 때 70~80%가 색채에 의해 인식하고 있다는 것으로 보아 이미지 구성에서 색채가 차지하는 부분은 매우 크다고 할 수 있다.

4 어울리는 색의 제안

아래 그림은, 퍼스널 컬러를 A, B, C, D 4가지 타입으로 나눈 칼라시스템이다. 피부, 눈동자, 모발 색을 베이스로 분석하면, 그 사람의 퍼스널 컬러가 필히 어딘가의 그룹에 있다고 하는 것이 이 시스템인 것이다.

1) 피부, 눈동자, 모발의 색 퍼스널컬러

(1) A 타입

다크한 색을 중심으로, 브라운계, 베이지계, 모스 그린 등, 민족적인 색이 많이 들어있다.

(2) B 타입

브라이트 톤, 비비드 톤, 페일 톤의 색이 많이 들어있어, A타입의 색을 전체적으로 밝게 한 느낌이다.

(3) C 타입

모노 톤을 중심으로, 블루 계, 핑크계, 비비드 톤, 페일 톤, 다크 톤의 색 등, 분명한 강한 색이 많이 들어있다.

(4) D 타입

라이트 그레이쉬 톤, 그레이쉬 톤, 덜 톤 등, 소프트한 색, 옅은색이 많아, C타입을 전체적으로 우아하게 한 느낌이다.

5 피부의 컬러차트

	AB웜계		CD쿨계	
	웜 핑크(적색계)	웜 옐로우(황색계)	쿨 핑크(적색계)	쿨 옐로우(황색계)
백색	피치핑크 따뜻함이 있는 혈색 좋은 하얀 피부	웜 하이트 아이보리계 혈색은 없으나 투명감이 있는 흰색	로즈 핑크 혈색이 좋고 다소 푸른기가 도는 핑크인 흰색	쿨 화이트 그다지 혈색이 좋지 않고 청백색의 느낌
보통	피치베이지 따뜻함이 있는 혈색 좋은 보통 피부	웜 베이지 혈색은 없으나 칙칙하지 않은 피부	로즈 핑크 혈색이 있고 핑크감이 강하다.	쿨 베이지 혈색이 없고 약간 칙칙한 느낌 그다지 얼굴색이 좋지 않다
흑색	다크 피치 오렌지 다크 혈색이 좋은 건강한 흑색	웜 다크 골든 다크 햇빛에 그을린듯한 갈색의 흑색	다크 로지 베이지 핑키쉬다크 약간 붉은 흑색 입술색소가 짙다.	쿨 다크 올리브계 혈색이 없고 옅은 흑색, 황색이 강하다.

6 피부색 스케일

퍼스널 컬러를 자가진단하는 여러가지 기둥 중에서도, 특히 피부색이 그 결정 수단이 된다. 명도는 비교적 판단하기 쉬우나, 색상의 구별이 다소 어려울지 모른다. 동양인의 경우 황색계의 피부색이 많으나, 우선 적색계인지, 황색인지를 체크한다. 적색계는 혈색이 좋은 수가 많고, AB계라면 따뜻함이 있는 핑크, CD계는 약간 청, 자의 핑크가 된다. 황색계인 경우, AB계는 구미계의 피부처럼 투명감이 있고, CD계는 동양계의 색감이 많다.

7 어울리는 색의 이미지 컬러

색에 구애되지 않고, 좋아하는 색을 자유로이 즐기고 싶다고 하는 것도 정직한 기분이다. 좋아하는 색이 어울리는 색이면 문제는 없으나, 그다지 어울리지 않는 색, 즉 “피곤해 보이거나, 쓸쓸해 보인다” 색을 코디네이트 하는 분도 많이 보게 된다.

이 시스템에서도 알 수 있듯이, 사람에게는 필히 어울리는 색이 있다. 왜냐하면, 같은 색이라도 발랄하게 보이는 색으로 코디네이트 하고 싶은 것은 공통의 생각이다. 그것이 퍼스널 컬러를 안다고 하는 것이다. 만약, 자기 타입이 아닌 색이 좋은 경우는 얼굴에서 거리를 두고 면적을 작게 사용하는 등 약간의 연구를 하여 즐기면 좋다.

A

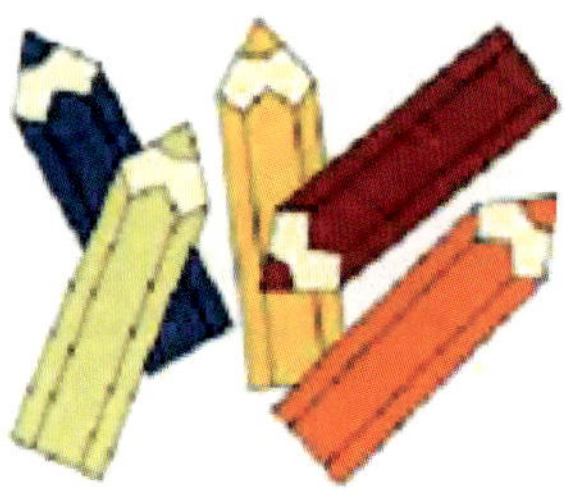

내추럴 에스닉 캐주얼

B

로맨틱 큐트 화려함

C

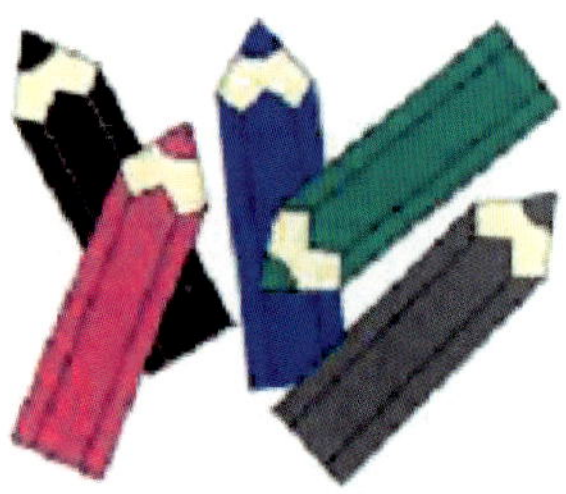

모던 드라마틱 클래식

D

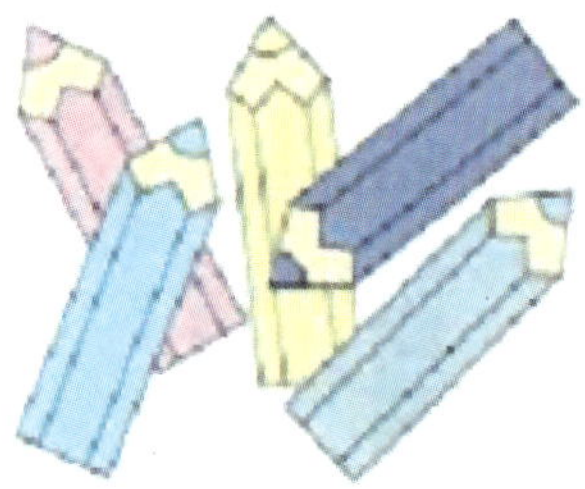

엘레강트 훼미닌 소프트

배색 카드 175색

PI-2	PI-1
PI-4	PI-3
PI-6	PI-5
PI-8	PI-7
PI-10	PI-9
BR-2	BR-1
BR-4	BR-3

BR-6	BR-5
off N-1	BR-7
off N-3	off N-2
off N-5	off N-4
off N-7	off N-6
off N-9	off N-8
off N-11	off N-10
off N-13	off N-12
off N-15	off N-14

FL-2	FL-1
FL-4	FL-3
FL-6	FL-5
Gy9.0 n 9.0	W n 9.5
Gy-8.0 n 8.0	Gy-8.5 n 8.5
Gy-7.0 n 7.0	Gy-7.5 n 7.5
Gy-6.0 n 6.0	Gy-6.5 n 6.5
Gy-5.0 n 5.0	Gy-5.5 n 5.5
Gy-4.0 n 4.0	Gy-4.5 n 4.5

Gy-3.0 n 3.0	Gy-3.5 n 3.5
Gy-2.0 n 2.0	Gy-2.5 n 2.5
v1 1.0R 4.0/14	Bk n 1.0
v3 7.0R 5.0/14	v2 4.0R 4.5/14
v5 4.0YR 6.5/14	v4 10.0R 5.5/14
v7 2.0Y 8.0/14	v6 8.0YR 7.0/14
v9 9.0Y 8.0/13	v8 5.0Y 8.0/13.5
v11 9.0GY 6.5/11.5	v10 4.0GY 7.0/12
V13 9.0G 5.0/10	v12 4.0G 5.5/10.5

v15 10.0BG 4.0/10	v14 5.0BG 4.5/10
v17 10.0B 4.0/12	v16 5.0B 4.0/11
v19 6.0PB 3.5/13	v18 3.0PB 3.5/13
v21 2.0P 3.5/12.5	v20 9.0PB 3.5/13
v23 1.0RP 4.0/13	v22 6.0P 3.5/12.5
dp2 4.0R 3.5/12	v24 6.0RP 4.0/13.5
dp6 8.0YR 5.5/11.5	dp4 10.0R 4.5/12
dp10 4.0GY 5.5/10	dp8 5.0Y 6.0/10
dp14 5.0BG 3.5/9	dp12 4.0G 4.5/9.5

dp18 3.0PB 2.4/11	dp16 5.0B 3.0/10
dp22 6.0P 2.4/11	dp20 9.0PB 2.4/11
dk2 4.0R 2.4/6	dp24 6.0RP 3.0/12
dk6 8.0R 3.5/6	dk4 10.0R 3.0/6
dk10 4.0GY 3.5/5	dk8 5.0Y 4.0/5.5
dk14 5.0BG 2.4/5	dk12 4.0G 3.0/5
dk18 3.0PB 1.8/6	dk16 5.0B 2.0/5.5
dk22 6.0P 1.8/6	dk20 9.0PB 1.8/6
p2^{+} 4.0RB 8.5/3.5	dk24 6.0RP 2.0/6

p6^{+}
8.0YR 9.0/3

p4^{+}
10.0R 8.5/3.5

p10^{+}
4.0GY 9.0/3

p8^{+}
5.0Y 9.0/3

p14^{+}
5.0BG 8.5/2

p12^{+}
4.0G 8.5/2

p18^{+}
3.0PB 8.0/3.5

p16^{+}
5.0B 8.0/2.5

p22^{+}
6.0P 8.0/3.5

p20^{+}
9.0PB 8.0/3.5

lt2^{+}
4.0R 7.5/8

lt2^{+}
4.0R 7.5/8

lt6^{+}
8.0YR 8.5/8

lt4^{+}
10.0R 8.0/8

lt10^{+}
4.0GY 8.5/7

lt8^{+}
5.0Y 9.0/7

lt14^{+}
5.0BG 7.5/6.5

lt12^{+}
4.0G 8.0/6.5

lt18^{+}
3.0PB 6.5/8

lt16^{+}
5.0B 7.0/7

lt22^{+}
6.0P 6.5/8

lt20^{+}
9.0PB 6.5/8

b2
4.0R 6.0/12

lt24^{+}
6.0RP 7.0/8

b6
8.0YR 8.0/12

b4
10.0R 7.0/12

b10
4.0GY 8.0/10

b8
5.0Y 8.5/11

b14
5.0GB 6.0/9

b12
4.0G 7.0/9.5

b18
3.0PB 5.0/11

b16
5.0B 5.5/10

b22
6.0P 5.0/11

b20
9.0PB 5.0/11

ltg2
4.0R 6.5/3

b24
6.0RP 5.5/12

ltg6
8.0YR 7.0/2.5

ltg4
10.0R 6.5/3

ltg10
4.0GY 7.0/2.5

ltg8
5.0Y 7.0/2.5

ltg14
5.0GB 6.5/2

ltg12
4.0G 6.5/2

ltg18
3.0PB 6.0/3

ltg16
5.0B 6.0/2

ltg22
6.0P 6.0/3

ltg20
9.0PB 6.0/3

g2
4.0R 3.5/3

ltg24
6.0RP 6.0/3

g6
8.0YR 4.0/2.5

g4
10.0R 3.5/3

g10
4.0GY 4.0/2.5

g8
5.0Y 4.0/2.5

g14
5.0BG 3.5/2

g12
4.0G 3.5/2

배색카드 175색의 구성내용

Pink : 10색, Brown : 7색, Flesh : 6색, Off Neutral : 15색,
Neutral(무채색) : 17단계, Vivid : 24색상
Deep, dark, Pale+, Light+, Bright, Light grayis, Grayish,
Dull의 8톤 : 각 12색상

g18
3.0PB 3.0/3

g16
3.0PB 3.0/2

g22
6.0P 3.0/3

g20
9.0PB 3.0/3

d2
4.0R 5.0/7.5

g24
6.0RP 3.0/3

d6
8.0YR 6.0/7.5

d4
10.0R 5.5/7.5

d10
4.0GY 6.0/6.5

d8
5.0Y 6.5/6.5

d14
5.0BG 5.0/6

d12
4.0G 5.5/6

d18
3.0PB 4.0/7.5

d16
5.0B 4.5/6.5

d22
6.0P 4.0/7.5

d20
9.0PB 4.0/7.5

도서출판 청구문화사

서울특별시 서대문구 성산로11길15
Tel. 02(332)-0541 Fax. 02(337)-9577

d24
6.0RP 4.5/7.5

배색 카드 175색

PI-2	PI-1
PI-4	PI-3
PI-6	PI-5
PI-8	PI-7
PI-10	PI-9
BR-2	BR-1
BR-4	BR-3

BR-6	BR-5
off N-1	BR-7
off N-3	off N-2
off N-5	off N-4
off N-7	off N-6
off N-9	off N-8
off N-11	off N-10
off N-13	off N-12
off N-15	off N-14

FL-2	FL-1
FL-4	FL-3
FL-6	FL-5
Gy9.0 n 9.0	W n 9.5
Gy-8.0 n 8.0	Gy-8.5 n 8.5
Gy-7.0 n 7.0	Gy-7.5 n 7.5
Gy-6.0 n 6.0	Gy-6.5 n 6.5
Gy-5.0 n 5.0	Gy-5.5 n 5.5
Gy-4.0 n 4.0	Gy-4.5 n 4.5

Gy-3.0 n 3.0	Gy-3.5 n 3.5
Gy-2.0 n 2.0	Gy-2.5 n 2.5
v1 1.0R 4.0/14	Bk n 1.0
v3 7.0R 5.0/14	v2 4.0R 4.5/14
v5 4.0YR 6.5/14	v4 10.0R 5.5/14
v7 2.0Y 8.0/14	v6 8.0YR 7.0/14
v9 9.0Y 8.0/13	v8 5.0Y 8.0/13.5
v11 9.0GY 6.5/11.5	v10 4.0GY 7.0/12
V13 9.0G 5.0/10	v12 4.0G 5.5/10.5

v15 10.0BG 4.0/10	v14 5.0BG 4.5/10
v17 10.0B 4.0/12	v16 5.0B 4.0/11
v19 6.0PB 3.5/13	v18 3.0PB 3.5/13
v21 2.0P 3.5/12.5	v20 9.0PB 3.5/13
v23 1.0RP 4.0/13	v22 6.0P 3.5/12.5
dp2 4.0R 3.5/12	v24 6.0RP 4.0/13.5
dp6 8.0YR 5.5/11.5	dp4 10.0R 4.5/12
dp10 4.0GY 5.5/10	dp8 5.0Y 6.0/10
dp14 5.0BG 3.5/9	dp12 4.0G 4.5/9.5

dp18 3.0PB 2.4/11	dp16 5.0B 3.0/10
dp22 6.0P 2.4/11	dp20 9.0PB 2.4/11
dk2 4.0R 2.4/6	dp24 6.0RP 3.0/12
dk6 8.0R 3.5/6	dk4 10.0R 3.0/6
dk10 4.0GY 3.5/5	dk8 5.0Y 4.0/5.5
dk14 5.0BG 2.4/5	dk12 4.0G 3.0/5
dk18 3.0PB 1.8/6	dk16 5.0B 2.0/5.5
dk22 6.0P 1.8/6	dk20 9.0PB 1.8/6
$p2^{+}$ 4.0RB 8.5/3.5	dk24 6.0RP 2.0/6

p6$^+$ 8.0YR 9.0/3	p4$^+$ 10.0R 8.5/3.5
p10$^+$ 4.0GY 9.0/3	p8$^+$ 5.0Y 9.0/3
p14$^+$ 5.0BG 8.5/2	p12$^+$ 4.0G 8.5/2
p18$^+$ 3.0PB 8.0/3.5	p16$^+$ 5.0B 8.0/2.5
p22$^+$ 6.0P 8.0/3.5	p20$^+$ 9.0PB 8.0/3.5
lt2$^+$ 4.0R 7.5/8	lt2$^+$ 4.0R 7.5/8
lt6$^+$ 8.0YR 8.5/8	lt4$^+$ 10.0R 8.0/8
lt10$^+$ 4.0GY 8.5/7	lt8$^+$ 5.0Y 9.0/7
lt14$^+$ 5.0BG 7.5/6.5	lt12$^+$ 4.0G 8.0/6.5

lt18$^+$ 3.0PB 6.5/8	lt16$^+$ 5.0B 7.0/7
lt22$^+$ 6.0P 6.5/8	lt20$^+$ 9.0PB 6.5/8
b2 4.0R 6.0/12	lt24$^+$ 6.0RP 7.0/8
b6 8.0YR 8.0/12	b4 10.0R 7.0/12
b10 4.0GY 8.0/10	b8 5.0Y 8.5/11
b14 5.0GB 6.0/9	b12 4.0G 7.0/9.5
b18 3.0PB 5.0/11	b16 5.0B 5.5/10
b22 6.0P 5.0/11	b20 9.0PB 5.0/11
ltg2 4.0R 6.5/3	b24 6.0RP 5.5/12

ltg6 8.0YR 7.0/2.5	ltg4 10.0R 6.5/3
ltg10 4.0GY 7.0/2.5	ltg8 5.0Y 7.0/2.5
ltg14 5.0GB 6.5/2	ltg12 4.0G 6.5/2
ltg18 3.0PB 6.0/3	ltg16 5.0B 6.0/2
ltg22 6.0P 6.0/3	ltg20 9.0PB 6.0/3
g2 4.0R 3.5/3	ltg24 6.0RP 6.0/3
g6 8.0YR 4.0/2.5	g4 10.0R 3.5/3
g10 4.0GY 4.0/2.5	g8 5.0Y 4.0/2.5
g14 5.0BG 3.5/2	g12 4.0G 3.5/2

배색카드 175색의 구성내용

Pink : 10색, Brown : 7색, Flesh : 6색, Off Neutral : 15색,
Neutral(무채색) : 17단계, Vivid : 24색상
Deep, dark, Pale⁺, Light⁺, Bright, Light grayis, Grayish,
Dull의 8톤 : 각 12색상

g18
3.0PB 3.0/3

g16
3.0PB 3.0/2

g22
6.0P 3.0/3

g20
9.0PB 3.0/3

d2
4.0R 5.0/7.5

g24
6.0RP 3.0/3

d6
8.0YR 6.0/7.5

d4
10.0R 5.5/7.5

d10
4.0GY 6.0/6.5

d8
5.0Y 6.5/6.5

d14
5.0BG 5.0/6

d12
4.0G 5.5/6

d18
3.0PB 4.0/7.5

d16
5.0B 4.5/6.5

d22
6.0P 4.0/7.5

d20
9.0PB 4.0/7.5

도서출판 청구문화사

서울특별시 서대문구 성산로11길15
Tel. 02(332)-0541 Fax. 02(337)-9577

d24
6.0RP 4.5/7.5

참고문헌

- 김효정 [뷰티 컬러 코디네이트], 청구문화사, 2003
- 한국색채학회 [컬러리스트 실기편], 도서출판국제, 2004
- 한국색채학회 [컬러리스트 이론편], 도서출판국제, 2004
- 안나현 [미용색채학], 구민사, 2016
- 이재만 [미용색채학], 일진사, 2007
- 강근영 외 4, [색채와 뷰티코디네이션], 고문사, 2001
- 문은배, [색채의 이해], 도서출판국제, 2002
- 조동제 외 2 편역, [색의 이론과 실제], 학문사, 2001
- 메리 가서 지음, 박현신 옮김, [패션컬러], 미진사, 1996
- 한국색채연구소, [컬러리스트], 지구문화사, 2002
- http://www.vogue.co.kr
- http://m.beautypl.co.kr/Beauty_News_Page2.asp?key=2379
- http://blog.naver.com/kd_navien/90151504654
- http://post.naver.com/viewer/postView.nhn?volumeNo=6282400&member-No=2990496
- http://blog.naver.com/rye_lye/70129165596
- http://blog.naver.com/david369/220857030474
- http://terms.naver.com/entry.nhn?docId=2275730&cid=42251&categoryId=51187
- http://post.naver.com/viewer/postView.nhn?volumeNo=4379631&member-No=30959104
- https://search.shopping.naver.com/detail/lite.nhn?nv_mid=10473261814&frm=N-VSCIMG&query=%EC%97%98%EB%A0%88%EA%B0%95%EC%8A%A4%EC%9D%B4%EB%AF%B8%EC%A7%80
- http://blog.naver.com/muchdazzling/220574434917
- http://news.naver.com/main/read.nhn?mode=LSD&mid=sec&sid1=103&oid=008&aid=0003206155
- http://blog.naver.com/smtogether/220430390929
- http://blog.naver.com/j4design/220050219431
- http://blog.naver.com/kangteki/220925395106
- http://blog.naver.com/crazyholic7/220385410086
- http://blog.naver.com/jamstones/70086301123
- http://blog.naver.com/nonepapa/60200430233
- http://blog.naver.com/j4design/220050219431
- http://news.naver.com/main/read.nhn?mode=LSD&mid=sec&sid1=103&oid=014&aid=0003306276

찾아보기

INDEX

저 자

김효정(수성대학교)
권태신(전주기전대학교)
방효진(가톨릭관동대학교)
윤지영(수성대학교)
진유리(김해대학교)
강명주(명지전문대학교)
김수정(수성대학교)
배은정(수성대학교)
이미희(동서울대학교)
한지수(성신여자대학교)

Beauty Color Design

2018년 3월 05일 초판인쇄
2018년 3월 10일 초판발행

지은이 : 김효정, 강명주, 권태신, 김수정, 방효진,
배은정, 윤지영, 이미희, 진유리, 한지수
펴낸곳 : 청구문화사
주 소 : (03706)서울특별시 서대문구 성산로11길 15
전 화 : 02-332-0541(代) FAX : 02-337-9577
등 록 : 1990년 11월 2일 제9-247호

가격 30,000원

ISBN 978-89-5616-771-8 93590